U0175361

世界高端文化珍藏图鉴大系

珠 宝

（修订典藏版）

玮 珏 / 编著

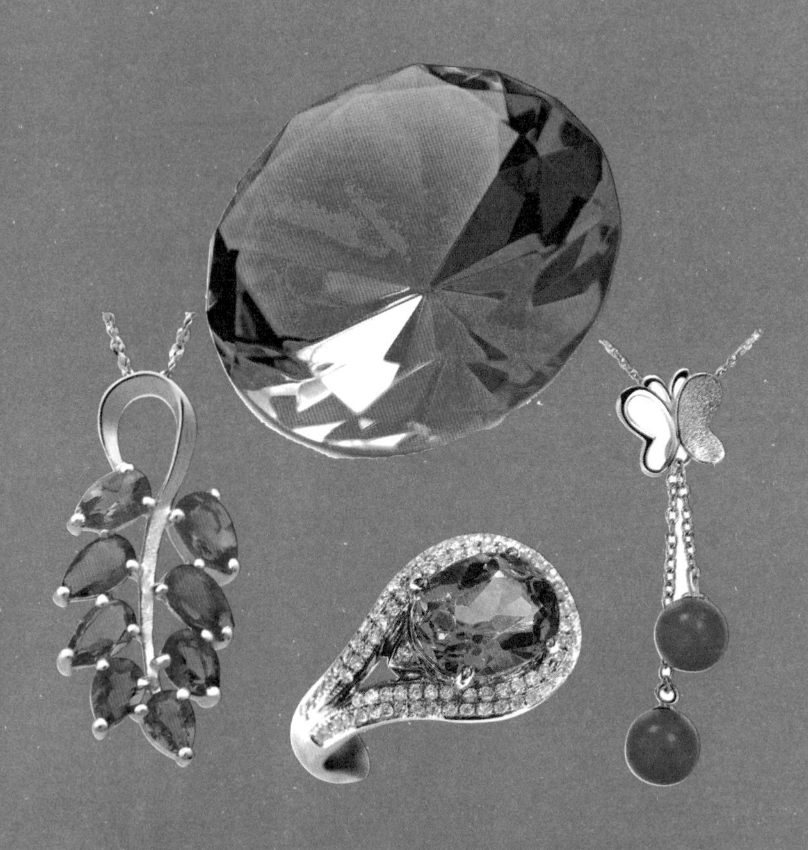

辽宁美术出版社

图书在版编目（CIP）数据

珠宝：修订典藏版 / 玮珏编著. — 沈阳：辽宁美术出版社，2020.11

（世界高端文化珍藏图鉴大系）

ISBN 978-7-5314-8584-1

Ⅰ. ①珠… Ⅱ. ①玮… Ⅲ. ①宝石－图集 Ⅳ. ①TS933.21-64

中国版本图书馆CIP数据核字（2019）第271391号

出 版 者：辽宁美术出版社

地　　址：沈阳市和平区民族北街29号　邮编：110001

发 行 者：辽宁美术出版社

印 刷 者：北京市松源印刷有限公司

开　　本：787mm×1092mm　1/16

印　　张：16

字　　数：250千字

出版时间：2020年11月第1版

印刷时间：2020年11月第1次印刷

责任编辑：彭伟哲

封面设计：胡　艺

版式设计：文贤阁

责任校对：郝　刚

书　　号：ISBN 978-7-5314-8584-1

定　　价：98.00元

邮购部电话：024-83833008

E-mail:lnmscbs@163.com

http://www.lnmscbs.cn

图书如有印装质量问题请与出版部联系调换

出版部电话：024-23835227

前言 PREFACE

当我们说起财富的象征时，经常可以直接联想到珍贵的宝物，如果用一个词来描述，那便是“珠光宝气”。我们口中所说的“珠宝”，其实是一个大类，涵盖的内容非常丰富。人们随口便可以说出许多贵重珠宝的名字，比如说和田玉、翡翠、琥珀、玛瑙等。这些“珠宝”在很久以前，一直是王侯将相、达官贵人的玩物，而对于寻常百姓来说，却是难得一见的“稀世珍宝”。

“旧时王谢堂前燕，飞入寻常百姓家”，现在，随着生活条件的改善，让人们对“珠宝”有了更多的了解和需求。因而无论是腰缠万贯的富豪，还是田地里劳作的农民，或多或少都会与珠宝“打交道”。珠宝已不再是少数人的身份象征与玩物了。

然而，珠宝类型的多样化，给收藏和鉴赏珠宝带来了很大的难度。珠宝的外观是多样的，可以是饰物，可以是器物，也可以是把件或者是观赏品。珠宝巨大的价值促使很多利欲熏心的人萌发了伪造和仿冒珠宝的罪恶念头。从古至今，对于名贵珠宝的伪造和仿冒从未间断过，许多历史上著名的珠宝文物，都出现过赝品。时至今日，珠宝市场上制假和售假的情况仍旧层出不穷，让收藏者真伪难辨。

新近涉足这一收藏领域的朋友们如果按照自己的喜好或者是一时冲动来进行投资和收藏，难免会蒙受经济上的巨大损失。珠宝的价值昂贵，一旦出现失误，让人追悔莫及。只有掌握足够的专业知识，

前言 PREFACE

进行鉴赏、投资和收藏才会心中有数。本书分门别类地对于多种类型的珠宝进行了详尽的介绍，并配以丰富的插图。阅读本书可以让收藏者在短时间内掌握许多珠宝的知识，为日后的收藏带来帮助。相信朋友们在阅读本书之后，能够增加珠宝鉴赏的知识，从而提升投资和收藏的水平。

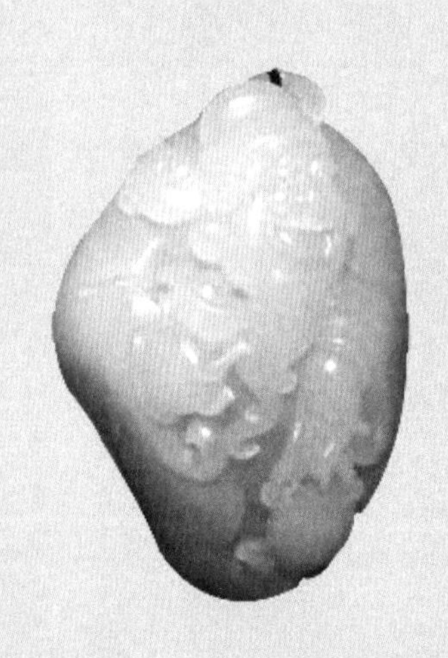

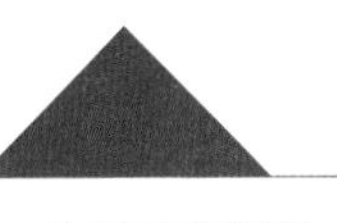

CONTENTS

目录

走近珠宝，欣赏富丽堂皇之美

爱情和忠贞的象征——钻石

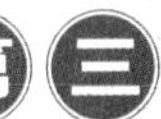

绿色宝石之王——祖母绿

宝石中的公主——水晶

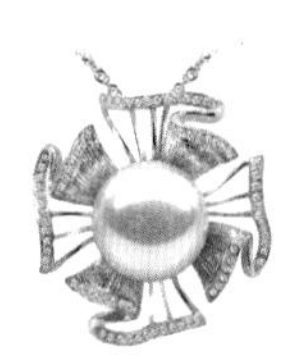

玉石之冠——翡翠

时光中的舞者——琥珀

来自大海的美娇娘——珍珠

无法遮掩的灵动之美——珊瑚

附　录

第一章

走近珠宝，欣赏富丽堂皇之美

珠宝概论

我国的《国家标准》(GB/T 16552—2003)中对于珠宝的定义为：天然珠宝玉石，其中包括天然宝石、天然玉石、天然有机宝石；人工宝石，其中包括合成宝石、人造宝石、拼合宝石和再造宝石。

珠宝一般具备以下几个特点。

第一，奇美。让人看第一眼就感觉奇丽无比，光华四射。珠宝如果不能呈现给人奇美的感觉，那就不能称之为珠宝，而且这种美一定要表现出绚丽的一面，或者透明而洁净，或者具有非同一般的光学效应（如猫眼、变彩、夜光等现象），或者具有让人为之惊叹的图案（如菊花石、玛瑙、梅花玉等）。

第二，持久。珠宝本身的质地一定要坚硬耐磨，能够在经历过很长岁月或是多次碰撞后，依然保持不变。由于宝石不同于其他物品，价格非常昂贵，人们购买这些物品一般都是作为传家宝，因此这种东西一定要经久不变。钻石为什么能够成为世间最为昂贵的珠宝呢？其中最重要的一个原因在于它是最为坚硬、最不怕腐蚀的珠宝，因此世界上价值较高的珠宝一般的硬度与耐腐度都大于其他物品。一些质软、

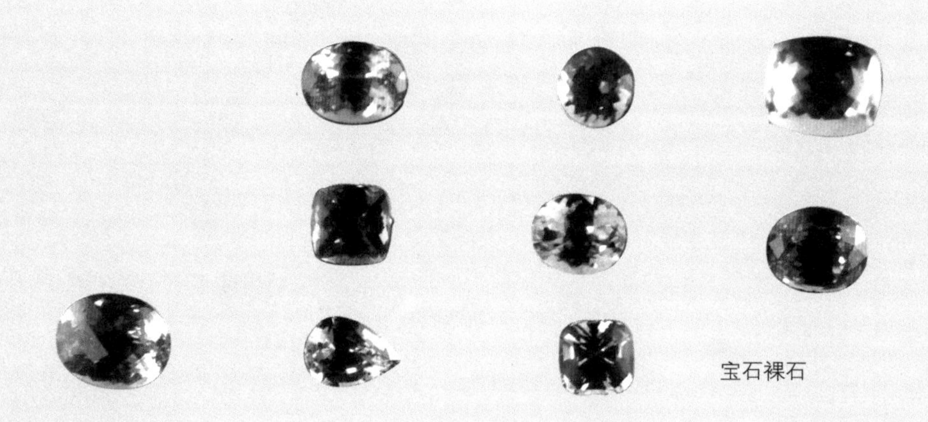
宝石裸石

容易腐蚀的珠宝（如岫玉、南方玉），其本身价值比较低，常常只用来做工艺品，以精美的制作来升华其价值。也有少数质软的珠宝不在此行列，例如欧泊、珍珠。

第三，稀有。也就是说这种珠宝的产量非常少。自古就有“物以稀为贵”的价值衡量准则，例如世间非常少见的上等质量的祖母绿宝石，这种宝石每克拉在市场上的销售价格达上万美元。而有些宝石虽具备艳丽和持久的特点（如紫晶），因为产量较多，容易开采，因此它的价格很低，这就印证了“物易得必贱”的原则。

宝玉石概论

宝玉石，是宝石与玉石的统称，在宝石学中这个统称又有广义与狭义两个概念。

宝玉石的广义概念泛指宝石，没有细分宝石和玉石的区别，都是指色彩艳丽、晶莹剔透、种类稀有、坚硬不宜腐蚀的矿物或岩石，同时这些矿物和岩石必须是可以琢磨加工成工艺品或首饰的。其中包括天然形成与人工合成两类，这是西方人对于宝玉石的定义。

宝玉石狭义的概念是将宝石和玉石分开而论。宝石必须具备的条件是美观、耐久、稀少，可以通过加工制作成首饰或装饰品的矿物的单晶体，包括天然的和人工合成的，例如蓝宝石、钻石等。玉石必须具备的条件也是美观、耐久、稀少，并且可以通过加工制作成首饰或工艺品的矿物集合体，也有少数为单晶体和非晶体，同样包括天然的和人工合成的，例如翡翠、和田玉等。这是东方人对于宝玉石的定义。

鳌鱼观音

珠宝的价值

珠宝的价值表现在多方面。

1．珠宝可被当作一种自然储备资产来收藏。虽然历史上珠宝很少像黄金那样普遍作为官方储备资产，但是世界各国统治阶级对于珠宝的热衷不亚于黄金，珠宝历来就是一部分人热衷的储备资产，拥有珍贵珠宝的数量常常会成为一个国家富强的标准。在中国战国时期，珠宝曾作为货币在市场与一般等价物交换。古籍中也有记载："珠宝为上币，黄金为中币，刀币为下币。"

人们为什么会将珠宝作为一种储备资产留存呢？其实这与储存黄金是一样的道理，主要在于它稀少、体积小、坚硬不宜腐蚀、容易携带。但是珠宝不像黄金那样有固定的价格，这是因为珠宝的质量评判标准不一，而且珠宝的产量很不稳定，因此其作为储备资产的功能受到了限制。

2．珠宝可用来投资。怎么在投资中体现珠宝的价值呢？人除了物质享受外，精神的愉悦也十分重要，因此很多人喜欢购买各种各样的珠宝首饰来提高自身魅力，或是从自身佩戴的珠宝中获得成就感和美的享受，这

翡翠手镯

玉玺

铁拐李玉雕

便是一种投资价值。另外，由于很多珠宝是不可再生资源，以“物以稀为贵”的衡量标准来看，这种珠宝显然是一种不可多得的财富，价格也会逐年上升。收藏此类珠宝，会使购买者在投资中获得利益。

3．珠宝能带给人一种信用。珠宝是财富的象征，同时也是身份和权力的象征。日常生活中我们看到佩戴珍贵珠宝的人，一定会认为这个人非富即贵，就算这个人身上没有钱，其珠宝本身已将他的身价提升了，这就是珠宝带给人的一种信用价值。您还记得中国古代和氏璧的故事吗？当时的中国有一块和氏璧制成的玉玺，谁要是得到这块玉玺，谁才算是真龙天子，这就是宝石带给人

玉雕云纹璧

的信用。中国清朝时期，朝廷一品重臣的顶戴为一颗红宝石，三品官员的顶戴为一颗蓝宝石，这也说明珠宝具有身份的象征意义。

4．珠宝具有美学和装饰价值。珠宝有其独特的色泽美、质地美和工艺美等，具有美学鉴赏价值和装饰价值。在石器时代珠宝的美学和装饰价值就已经开始显现了，中国新石器时代的文化遗址中出土过大量的玉器，从这里我们可以看出当时人们已经开始了对于珠宝的关注。距今 7000~5000 年的红山文化中出土了数十种玉器，其中包括玉龙、玉兽、玉璧等。这些玉器采用圆雕、钻孔、浮雕、透雕、线刻等加工技法，将天然玉石之美与人工艺术之美相结合，制作出的玉器美观而精致。

5．珠宝具有宗教礼仪价值。在人类文明还没有达到一定水平之时，人们认为珠宝是上天赐予人类的宝物，可以通过珠宝来与神明沟通，由此便将珠宝作为一种灵物在重要的宗教礼仪上使用。根据《周礼·大宗伯》记载："以玉作六器，以礼天地四方。以苍璧礼天，以黄琮礼地，以青圭礼东方，以赤璋礼南方，以白琥礼西方，以玄璜礼北方。"又说："以玉作六瑞，以等邦国，王执镇圭，公执桓圭，侯执信圭，伯执躬圭，子执谷璧，男执蒲璧。"这充分说明了中国古代在祈祷时使用不同的玉器，这也给玉器蒙上了一层神秘的面纱。

6．珠宝中的某些宝石具有一定的医用价值。古埃及人认为青金岩是治疗忧郁病的良药；希腊和罗马人也曾使用青金岩作为补药和泻药；还有人将青金岩视为催生石，有促进产妇生产的作用。中国古代对于珠宝的药用价值也有很早的认识。公元前700多年的古籍《山海经》中有关于珠宝药用的记载，同时中国民间还流传着唐代孙思邈以琥珀治疗暴死产妇的故事。中医典籍中有关琥珀的药性有如下记载："琥珀甘平膀心肝，利尿镇静解痉挛，惊痫失眠月经闭，五淋尿难膀胱炎。"

7．珠宝具有重要的研究价值。珠宝的研究价值包括很多方面，由于珠宝的形成有着特定的地质条件，通过研究珠宝的形成过程和条件，人类便能寻找更多的珠宝资源。通过研究某些珠宝还能揭示古代自然环境以及生命的进化过程，例如研究琥珀中的昆虫，就可以了解到几千万年前昆虫的生命构造，然后与现在的昆虫作对比，这样就能判定昆虫的进化过程。另外，研究珠宝还能得到人类文明演化的证据。不同朝代赋予了珠宝不同的象征意义，珠宝在每一个朝代都扮演着重要角色。因此，珠宝的艺术文化及科学研究价值也是不容忽视的。

珠宝的种类

玉

玉是在世界各地区（尤其是东亚）受到广泛欢迎的一个宝石的种类。

玉的开采和加工历史较早，2000年前世界各国就都有玉的开采与加工的记载。中国是世界上最早使用玉的民族，在中国古代，玉石是祭祀的一个重要部分，同时也象征着权势和地位。1863年，玉被正式分为硬玉与软玉两个品种。

冰种翡翠

和田玉财神

6 克拉钻戒

玉的产地

硬玉：翡翠是以硬玉为主的隐晶质细小的矿物所组成的集合体。从历史记载上来看，危地马拉与土耳其都出产过翡翠，但如今翡翠的主要产地在缅甸，除此之外，日本与美国的极少数地区也有发现。

软玉：主要产地有巴西、加拿大、德国、瑞士、中国、澳大利亚、意大利、美国、墨西哥、波兰、西伯利亚与津巴布韦等。

钻石

你一定还记得那句“钻石恒久远，一颗永流传”的广告语。虽然现在钻石已经在世界各地大批量开采，但是它的价值并没有因此而受到影响。在世界各地，钻戒成为人们结婚所用的订情信物，这是因为钻石本身的稀有、坚硬与纯洁无瑕，正如人们渴望的美满婚姻。

钻石的产地

钻石的分布范围很广，主要产地有南非、博茨瓦纳、安哥拉、澳大利亚、俄罗斯、纳米比亚、扎伊尔、巴西等。

刚玉

在刚玉这一宝石族中，有两种知名宝石——红宝石、蓝宝石，它们一直受到人们的欢迎。红、蓝宝石受到欢迎不仅仅是因为自身的美丽、耐久，还源于它们的稀有。因此这两种宝石的价格多年来一直居高不下，但是由于合成品、仿制品以及优化处理品的扰乱，选购天然的红、蓝宝石越来越困难。

天然红、蓝宝石的价格昂贵，让普通消费者望尘莫及。

经常接触刚玉的人常常能从宝石中看到与生长层有关的色带，呈平行于棱柱晶面的六边形同心环带状。观察红宝石时，可以从不同角度看到黄红色和深红色，这种光学效应也可以在蓝宝石中看到。

刚玉又分为透明与不透明两类，具有玻璃光泽或油脂光泽。透明刚玉的亮度是相当柔和的。

红宝石的产地

主要产地有缅甸、坦桑尼亚、泰国、斯里兰卡、莫桑比克、柬埔寨、印度、肯尼亚、越南等。

红宝石戒指

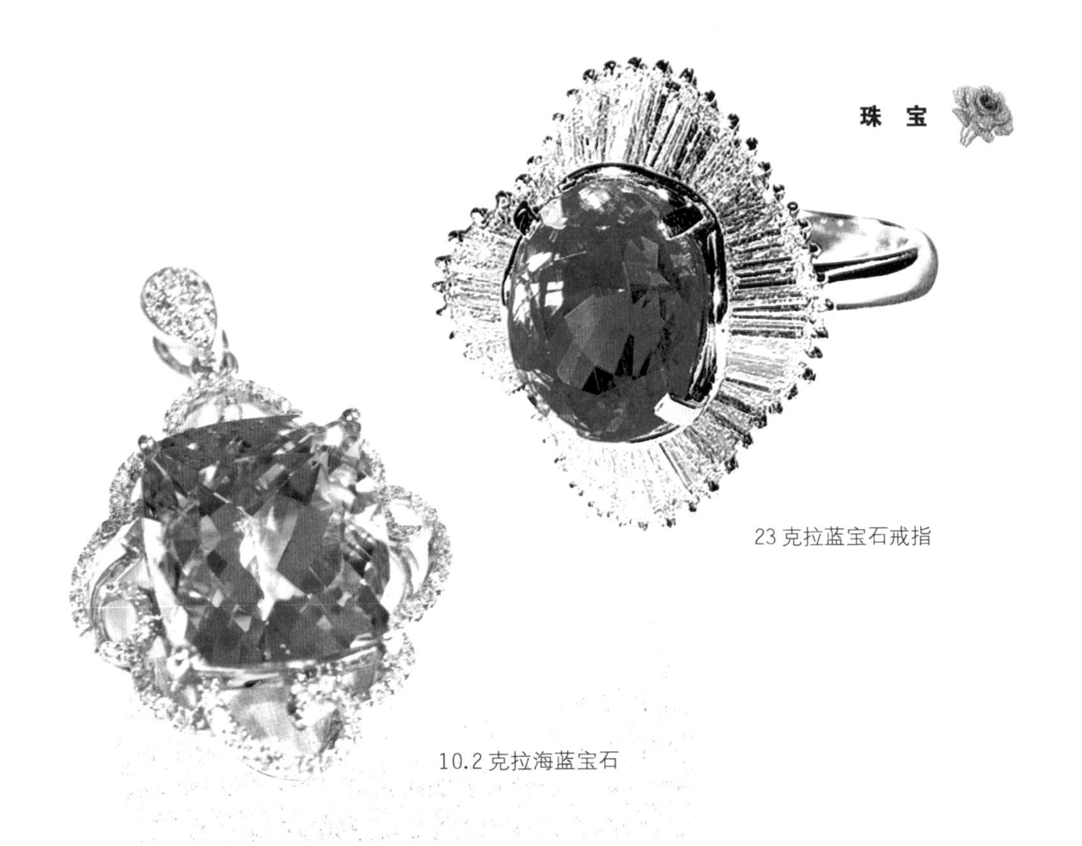

23克拉蓝宝石戒指

10.2克拉海蓝宝石

蓝宝石的产地

蓝色蓝宝石：缅甸、克什米尔、马达加斯加、斯里兰卡、泰国、澳大利亚、美国、中国等。

粉红色蓝宝石：斯里兰卡、马达加斯加、缅甸、坦桑尼亚。

帕巴拉恰蓝宝石：斯里兰卡。

黄色、绿色、紫色蓝宝石：缅甸、斯里兰卡、澳大利亚、泰国、坦桑尼亚、美国。

无色蓝宝石：斯里兰卡、缅甸。

变色蓝宝石：坦桑尼亚。

碧玺

碧玺又称为电气石，也是受到人们追捧的宝石之一。这种宝石具有让人惊讶的各种颜色，有时甚至能在一颗宝石上发现好几种不同的颜色。碧玺符合人们当今的追求，可以适应各种潮流、各种设计，因此它是真正意义上的现代宝石。

1703年，西方人在荷兰人的引领下认识了这种宝石，当时荷兰人从斯里兰卡带来了碧玺。碧玺这个名字来自Turamall，意思是混合的颜色。现在，碧玺在西方的首

清朝 碧玺和尚摆件

饰设计中占有非常重要的地位，它的魅力体现在如霓虹灯般多样的颜色上。独特的双色和三色碧玺，同样受到消费者的喜爱。

碧玺家族中的宝石具有相同的晶体结构，含有杂质时，宝石会呈现出不同的颜色。碧玺宝石有着不同程度的双色性，观察的角度发生改变，宝石也会随之变幻出不同的颜色或色调。从某个角度观察蓝色碧玺时可能是很深的蓝色，换一个角度，它可能会呈现出浅蓝色；红色碧玺也是如此，不同的角度会呈现出深红色或浅红色；若是绿色碧玺，则会呈现出深绿色或是黄绿色。

碧玺的产地

主要产地有巴西、斯里兰卡、缅甸、坦桑尼亚、纳米比亚、津巴布韦、马达加斯加、俄罗斯、美国、中国等。

10.6 克拉碧玺吊坠

石英

石英是最庞大的宝石家族，是当代珠宝界运用最为广泛的宝石品种之一。石英家族中的宝石种类繁多，包括价位适中的有色宝石。

人类在诞生之初就将石英作为宝石使用，考古学家在以色列的一个洞穴中发现了石英珠子，其历史可以追溯到 5000~6000 年前。在人类历史中，各种类型的石英都曾被人类追捧过，人们常常将石英当作护身符，以此抵御不幸和疾病。石英是幸运的象征。

石英为半透明或不透明的晶体，一般为乳白色，质地坚硬。晶质石英的颜色很多样，人们常以颜色带来鉴定这类宝石。无论是透明或不透明石英，其亮度都不是很高，但是非常吸引人，有些还具有特殊的光学效应，如猫眼效应和星光效应。

晶质石英典型的包裹体主要有小颗粒晶体、针状体、微小纱状物和内部裂隙，它们可以使宝石呈现一种彩虹效应。

晶质石英的产地

主要产地有巴西、马达加斯加、乌拉圭、赞比亚、美国、俄罗斯、中国等。

石英

石英猫眼

锆石

锆石的硬度与断口并不比石榴石或碧玺等宝石差，它还具有亚金刚光泽、强双折射率、美丽的颜色和适中的价格等特点。但是它却很难得到珠宝商的垂青，往往只是用来做钻石的替代品。

锆石有很多天然颜色，如红、黄、橙、褐、绿和无色透明等，是一种明亮的宝石。锆石还被叫作锆英石或风信子石，可耐受3000摄氏度以上的高温，可用作航天器的绝热材料。锆石常见的颜色是灰褐色和红褐色，最受人欢迎的则是金褐色。无色锆石是非常罕见的，切割后的宝石级无色锆石具有金刚光泽，很像钻石。

锆石的产地

主要产地有泰国、柬埔寨、越南、斯里兰卡、澳大利亚、马达加斯加、法国、坦桑尼亚等。

锆石耳环

锆石

长石

长石是长石族矿物的总称，它是一类常见的含钙、钠和钾的铝硅酸盐类造岩矿物。长石受到人们青睐，缘于它具有明显的光学效应以及市场对这类宝石的需求。

长石族宝石有两大类：一类是正长石类，包括月光石、正长石和天河石；另一类是斜长石类，包括拉长石和砂金长石。

长石一般有青铜光泽、欧泊晕彩或者冰长石晕彩，这些评价都是描述长石放在光下或者在光下移动时的效果。如月光石以其特殊的光学效应而著名，蓝色或者白色的青铜光泽是宝石表面的反射光所造成。宝石内部的反射光，或者干涉效应也会产生晕彩。

水滴形蓝光月光石

长石的产地

月光石：马达加斯加、缅甸、斯里兰卡、印度、墨西哥、澳大利亚、巴西、坦桑尼亚、美国等地。

正长石：马达加斯加、缅甸、斯里兰卡。

天河石：莫桑比克、巴西、俄罗斯、加拿大、美国、中国等。

拉长石：加拿大、马达加斯加、俄罗斯等。

砂金长石：加拿大、印度、俄罗斯、美国等。

澳大利亚天然欧泊吊坠

欧泊

欧泊的英文为 Opal，源于拉丁文 Opalus，意思是“集宝石之美于一身”。古罗马自然科学家普林尼曾说：“在一块欧泊石上，你可以看到红宝石般的火焰，紫水晶般的色斑，祖母绿般的绿海，五彩缤纷。”历史上，人们对于欧泊的看法不断变化，曾有人认为欧泊会给人带来厄运和磨难，也有人认为欧泊能治疗眼睛疾病。无论这些说法正确与否，都不能掩饰欧泊的惊天之美。

欧泊表面活泼的颜色源于宝石内部紧密堆积的细小的二氧化硅小球对光的衍射，这也从不同的角度观察欧泊可以看到颜色变化的原因。欧泊中的二氧化硅小球越大，排列越整齐，产生的颜色就越多、越强。

欧泊的产地

主要产地有澳大利亚、巴西、埃塞俄比亚、墨西哥、美国等。

萤石

萤石又称氟石，是一种矿物，其主要成分是氟化钙，含杂质较多。萤石因块大、颜色艳丽、产量丰富以及性价比高而成为人们喜欢的珠宝首饰制作材料。

萤石的名字来源于拉丁语中“流动”的意思，它比其他矿物更易熔化，曾被用作助熔剂。萤石具有非常丰富而漂亮的透明至半透明的颜色：明亮金黄色、蓝绿色、粉红玫瑰色、蓝色、绿色、紫色以及无色，同时还具有玻璃光泽和很好的光亮度。萤石之所以得名，是因为它在紫外线或阴极射线照射下会发出如萤火虫样的荧光，当萤石中含有稀土元素时，它就会发出磷光。

萤石

萤石的产地

主要产地有法国、奥地利、纳米比亚、德国、英国、美国等。

珍珠

珍珠

珍珠是一种有机宝石，产自珍珠贝类和珠母贝类等软体动物体内，由于内分泌作用而生成。珍珠是含碳酸钙的矿物（文石）珠粒，由大量微小的文石晶体集合而成。珍珠经过大自然生物多年孕育而成，每一颗都具有独特的颜色、光泽、尺寸和形状，是首饰制作者钟爱的最美丽、最令人惊奇的宝石之一。

珍珠的种类有数百种，而且它们的价格相差悬殊。不同种类的珍珠之间最大的区别在于生长环境的不同，珍珠有海水珍珠和淡水珍珠之分，又有天然珍珠和养殖珍珠的区别。海水珍珠是海洋中的贝类生物所产的珍珠，品质比淡水珍珠好，价格也更高。

珍珠的产地

天然珍珠：波斯湾（靠近巴林）、马纳尔湾（位于印度和斯里兰卡附近）、红海。

养殖珍珠：中国、波利尼西亚、日本、澳大利亚、库克群岛等。

鲍贝珍珠：墨西哥、日本、韩国、新西兰、美国、澳大利亚等。

琥珀

琥珀是数千万年前的树脂被埋藏于地下，经过一定的化学变化后形成的一种树脂化石，是一种有机的似矿物，它的外观从透明到完全不透明，具有树脂光泽。琥珀的形状多种多样，表面常保留着当初树脂流动时产生的纹路，内部经常可见气泡及古老的昆虫尸体或植物碎屑。琥珀一度被称为北方黄金，在历史上一直被人们喜爱，价格一直居高不下。琥珀早在史前时期就开始被加工和欣赏，是最早被人类应用的珠宝之一。

在历史记载中，琥珀的价格一直很昂贵，但是随着人工合成琥珀的出现，天然琥珀渐渐淡出了人们的视线。最近，天然琥珀在宝石市场的购买率出现了上升趋势，价格也随之上涨。

琥珀的产地

主要产地有波兰、缅甸、罗马尼亚、多米尼加、俄罗斯、波兰、墨西哥、德国、意大利、加拿大、美国、中国等。

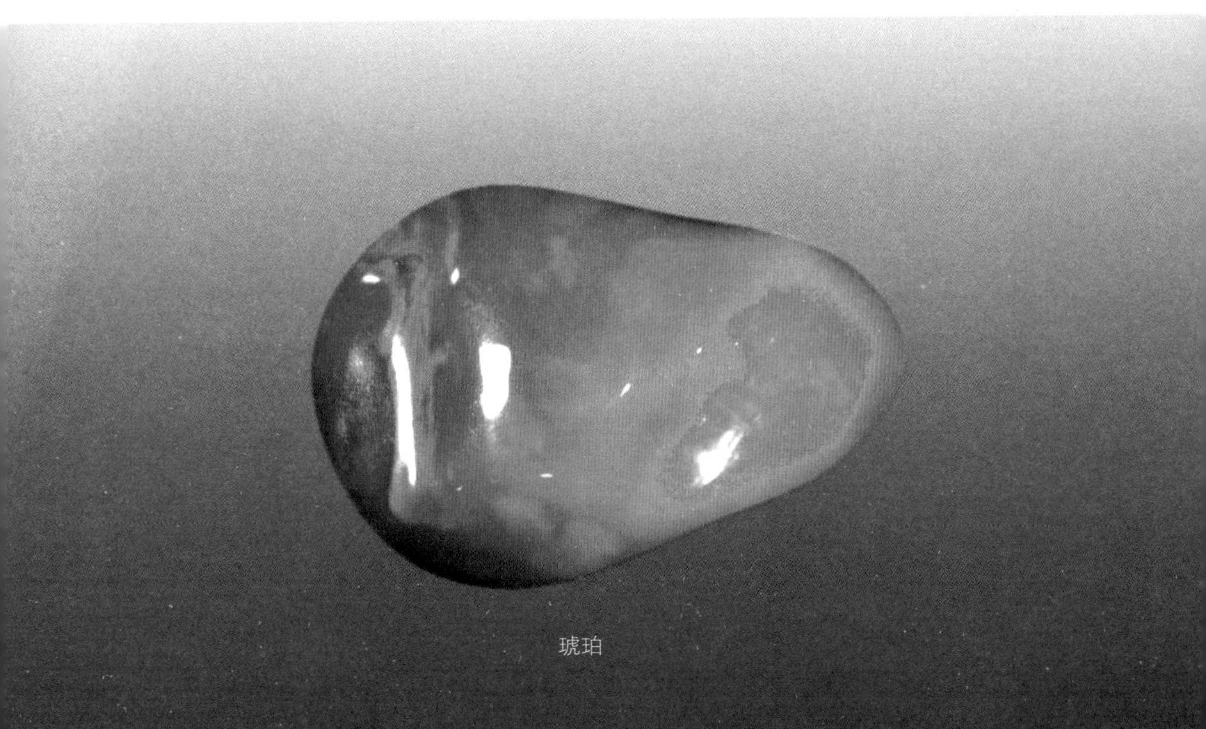

琥珀

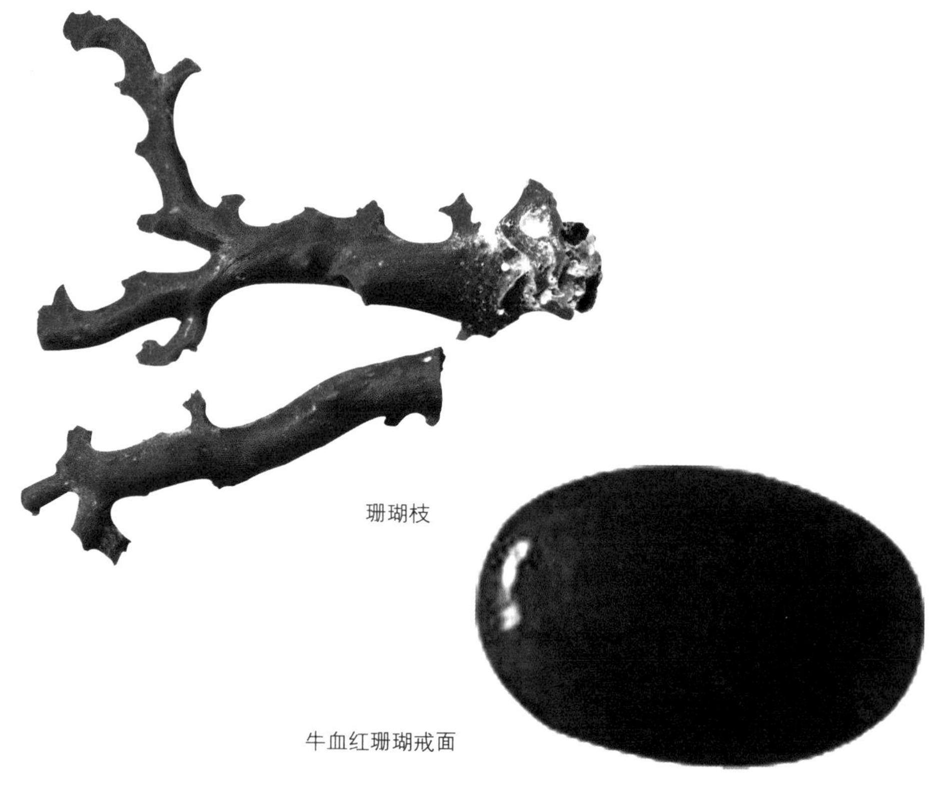

珊瑚枝

牛血红珊瑚戒面

珊瑚

珊瑚是海洋生物珊瑚虫死后留下的骨骼，分为钙质型珊瑚和角质型珊瑚两种。曾经，珊瑚以其迷人的色彩和稀有性同钻石、祖母绿等珍贵宝石相提并论。近年来，人们对于环境问题越发关注，各国的环境保护法中也已经明令禁止对珊瑚进行采集，以此来保护珊瑚礁，这让许多珊瑚爱好者转向购买其他宝石。

珊瑚是无数珊瑚虫尸体腐烂以后，剩下的群体的骨骼。珊瑚虫一般群居在温暖的浅海礁石上或生长在深海的聚居地，珊瑚虫死后，它们的钙化骨骼逐渐堆积起来就形成了树枝状结构的珊瑚。日常生活中我们见到的珊瑚颜色多样，其颜色主要取决于珊瑚虫的种类、生长环境以及海水深度。

珊瑚的产地

红色、粉色和白色的珊瑚：地中海西部的非洲海岸、红海、马来西亚群岛、日本、夏威夷。

黑色与金色珊瑚：西印度群岛、澳大利亚、太平洋群岛。

尖晶石

尖晶石是镁铝氧化物组成的矿物，含有镁、铁、锌、锰等元素，故分为很多种，如铝尖晶石、铁尖晶石、锌尖晶石、锰尖晶石、铬尖晶石等。尖晶石明艳、稀有，具有一定的价值，深受广大珠宝消费者的喜爱。

人们曾将尖晶石称为橙尖晶石，直到 19 世纪 50 年代，它都被当作和红宝石一样的材料。尖晶石一般埋藏在红、蓝宝石矿中，颜色与缅甸和泰国的红宝石相似，并且和红宝石一样在紫外荧光灯下发荧光。

典型的尖晶石包裹体主要有小颗粒的八面体尖晶石晶体、针状金红石和晕轮锆石晶体。尖晶石的重量一般在 0.5 克拉 ~2 克拉之间，很少有超过 4 克拉的大颗尖晶石。尖晶石比较坚硬，经过长时间的摩擦，棱角依然尖锐，非常适合切割。如果切割的比例合适，刻面尖晶石能产生像钻石一样明亮的外观和火彩。

粉色尖晶石

尖晶石的产地

主要产地有柬埔寨、马达加斯加、缅甸、斯里兰卡、阿富汗、巴基斯坦、坦桑尼亚、尼日利亚、泰国等。

托帕石

托帕石的矿物名称为黄玉或黄晶。在珠宝市场上很多消费者容易将黄色玉石与黄玉、黄晶的名称相混淆，因此商业上多采用“托帕石”来标注宝石级的黄玉。托帕石的透明度很高，而且非常坚硬，通常含有包裹体，既可能是两相包裹体（含有气泡和液体的典型的泪滴状空洞），也可能是含有气泡、液体和小晶体的三相包裹体，还可能有裂隙、条纹和面纱状包裹体。托帕石的反光效应很好，加之颜色美丽，深受广大珠宝消费者喜爱。

在很多珠宝消费者的印象中，托帕石并不是昂贵的宝石，常被热处理成明亮的蓝色或者褐黄色（后者通常被误认为是黄水晶）。其实，真正的托帕石是非常珍贵稀少的，价格比人们想象的要昂贵，外观也很漂亮。

托帕石是一种非常耐磨的宝石，有一定的硬度，可以抵挡大多数物质的刮擦。托帕石的晶体通常很大，有的会重达上百千克。1964 年，乌克兰曾发现几个平均重达 100 千克的蓝色托帕石晶体。

托帕石戒指

托帕石的产地

主要产地有巴西、俄罗斯、英国、澳大利亚、缅甸、斯里兰卡、美国、中国等。

绿柱石

绿柱石又被称为“绿宝石”，主要产于花岗岩、伟晶岩中，也可能出现在砂岩、云母片岩中，经常与锡、钨共生。祖母绿是绿柱石家族中的骄子，相信没有人能抵挡祖母绿的魅力，正是它让克里奥佩特拉矿闻名于世。

绿柱石族在宝石家族中是非常庞大的，除了勾魂摄魄的祖母绿外，还有闪闪发光的海蓝宝石、鲜艳的金黄色绿柱石与美丽的摩根石，这些都是颇为珍贵的宝石品种。

绿柱石的产地

祖母绿：哥伦比亚、赞比亚、巴西、津巴布韦、俄罗斯、澳大利亚、印度、南非等。

海蓝宝石手链

海蓝宝石：巴西、莫桑比克、俄罗斯、马达加斯加、中国等。

金黄色绿柱石：巴西、俄罗斯、马达加斯加、纳米比亚、美国等。

摩根石：马达加斯加、巴西、莫桑比克、纳米比亚、巴基斯坦、津巴布韦等。

夕线石

夕线石又称为矽线石或硅线石，为褐色、浅绿色、浅蓝色或白色的玻璃状硅酸盐矿物。夕线石的晶体为柱状或针状，当晶体聚合在一起时，常呈纤维状或放射状，具有丝的光泽或玻璃光泽。夕线石加热后可变成莫来石，被用作高级耐火材料。

很长一段时间里，这种耐久坚硬的宝石被珠宝爱好者收藏或是用于工业领域。直到珠宝商看中了这类宝石微妙的颜色和光学效应，它才出现在珠宝市场上，成为人们喜爱的珠宝之一。

夕线石

夕线石的产地

主要产地有缅甸、斯里兰卡、印度、意大利、巴西、德国、肯尼亚、美国等。

堇青石

堇青石是一种硅酸盐矿物，它具有一个特点：从不同的角度观察都能看到不同颜色的光，这叫多色性。

很多人对于堇青石不太了解，其实顶级的堇青石在颜色的饱和度上可以和优质的坦桑石相媲美，将顶级的堇青石和蓝色蓝宝石、坦桑石的原石放在一起，是很难区分开的。在珠宝市场上，最受消费者欢迎的是紫蓝色堇青石。

我们在很多珠宝店难以见到堇青石的身影，但是堇青石仍然深受人们喜爱。堇青石的名字来自于希腊语“紫色的”，有时也将它称为“水蓝宝石”或“山猫蓝宝石”。堇青石是一种透明宝石，颜色主要为深紫蓝色、浅灰蓝色、黄灰色、绿色和褐色。常见的堇青石为中等的紫蓝色，深紫蓝色的堇青石产量不大。堇青石具有玻璃光泽，耐磨性非常好，亮度适中。虽然堇青石的色彩不是特别鲜艳，但所具有的三色性使它很受欢迎，从三个不同的角度观察堇青石会分别呈现出不同的颜色。

含有包裹体的堇青石是质量较差的，通常被加工成刻面，最常见的是深色的纤维状包裹体，还有赤铁矿和针铁矿的片状包裹体。在宝石表面形成红色的闪光或者砂金效应，较大颗粒又不含包裹体的堇青石非常稀有。

堇青石的产地

主要产地有印度、斯里兰卡、马达加斯加、缅甸、坦桑尼亚、美国等。

堇青石戒指

石榴石

石榴石的英文名称是Garnet，由拉丁文“Granatum”演变而来，其意思为“像种子一样”。石榴石晶体与石榴籽的形状非常相似，因此得名“石榴石”。常见的石榴石为红色，但其颜色的种类十分多样，足以涵盖整个光谱。

石榴石比人们想象的更加美好，因其颜色非常丰富，它的价格也在逐年升高，质量上乘的石榴石与蓝宝石的价格相当。

人类使用石榴石的历史很长远，考古学家在史前的墓葬中发现了石榴石珠子，500年前制作的珠宝首饰中也可以发现镶有红色弧面的石榴石首饰。从这里我们可以看出，石榴石得到人类认可的时间是非常早的。

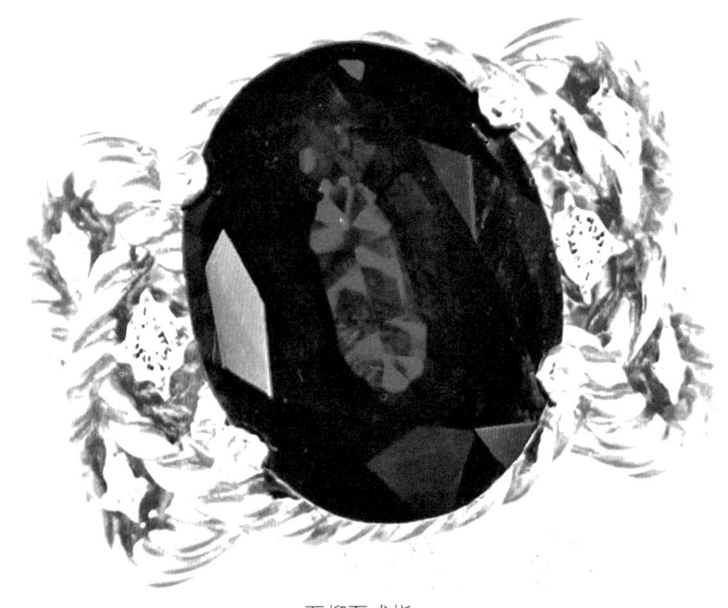

石榴石戒指

石榴石的产地

主要产地有俄罗斯、美国、印度、巴西、德国、巴基斯坦、捷克、挪威、南非、斯里兰卡、斯堪的纳维亚、瑞士、坦桑尼亚、中国等。

锂辉石

锂辉石为单斜晶系，晶体常呈柱状、粒状或板状。颜色呈灰白、灰绿、紫色或黄色等。锂辉石是近年才发现的一个宝石品种，它的宝石颗粒很大，有着迷人的光泽和颜色。

锂辉石的晶体具有多色性，从不同的角度观察能看到不同的颜色。宝石级的锂辉石净度非常好，若是被切割或者抛光，它将会充满活力，拥有生动如彩虹般的光泽。

锂辉石硬度较好，但还是应避免剧烈碰撞。绿色锂辉石在强光下暴晒，可能会褪色。

锂辉石的产地

主要产地有巴西、马达加斯加、美国、中国等。

紫锂辉石标本

橄榄石

橄榄石

橄榄石的主要成分是含铁或镁的硅酸盐，同时含有锰、镍、钴等元素，晶体呈短柱状或厚板状。橄榄石变质后可形成蛇纹石或菱镁矿，可作为耐火材料。橄榄石约是在 3500 年以前古埃及领土圣约翰岛被发现的，它被认为是太阳宝石。

橄榄石的质量差别很大，现在市场上的橄榄石很多都是暗淡无光的，以至于广大珠宝消费者对它视而不见。若是橄榄石具有很好的颜色与良好的切工，那么它的价值就会得到很大提升。

所有的橄榄石都是绿色的，其中又分为青绿色（或深绿色）、浅黄绿色、橄榄绿色、鲜艳的苹果绿色（最具价值）。产自克什米尔的大颗优质的橄榄石有着迷人的深绿色，其价值不菲。

橄榄石戒指

橄榄石的产地

主要产地有中国、埃及、澳大利亚、巴西、美国、缅甸、巴基斯坦等。

葡萄石

葡萄石吊坠

葡萄石是一种硅酸盐矿物，大多产自火成岩的空洞中，有的在钟乳石上也可以看到。葡萄石有透明和半透明两类，颜色从浅绿到灰色，还有白、黄、红等色调，最常见的是绿色。葡萄石的形状有板状、片状、葡萄状、肾状、放射状和块状集合体等。质量好的葡萄石被称为好望角祖母绿。

葡萄石的价值隐藏于宝石原石中，只有抛光后才呈现出明显的珍珠光泽和半透明颜色。葡萄石具有近似发光的特性。

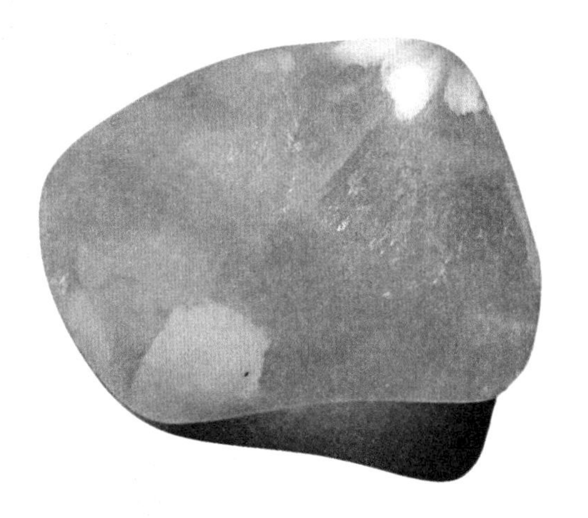

葡萄石

葡萄石中单个宝石级透明的晶体很少见，一般颗粒较小，多以收藏为主。漂亮的半透明绿色葡萄石在市场上以“开普祖母绿”的名称进行销售。

葡萄石的产地

主要产地有印度、纳米比亚、加拿大、德国、南非、美国、中国等。

孔雀石

孔雀石是一种古老的玉料。孔雀石的英文名称为Malachite，来源于希腊语“Mallache”，是“绿色”的意思。中国古代称孔雀石为“绿青”“石绿”或“青琅玕”。由于这种宝石的颜色酷似孔雀羽毛上斑点的绿色而得名为孔雀石。19世纪孔雀石是非常贵重的宝石，俄国皇室用孔雀石来装饰整个房间。维多利亚女王也喜欢用金子对它进行镶嵌。如今，人们只对稀有的宝石感兴趣，孔雀石已经失宠了。

孔雀石生成的宝石还有好几种：石青孔雀石，是孔雀石与蓝铜矿的混合物；主要出产于亚利桑那州的钙孔雀石，是孔雀石与方解石相结合的产物；玉髓孔雀石，是天然玉髓矿物填充的孔雀石；星光孔雀石，则是含有能形成星光效应的孔雀石包裹体的玉髓。

孔雀石的产地

主要产地有纳米比亚、俄罗斯、澳大利亚、美国、刚果（金）等。

孔雀石手链

方柱石

方柱石是一种较为常见的矿物，常见于气成热液岩或矽卡岩石中，一般呈灰色、灰绿色、灰黄色、浅黄绿色等，偶见玫瑰紫色、粉紫色、淡紫色、海蓝色等。宝石级方柱石要求颜色鲜艳，半透明至透明，晶体颗粒大，能加工成 3 毫米 ×4 毫米以上的裸石。宝石级方柱石也是非常罕见的。

珠宝制造商和广大珠宝消费者对于方柱石比较陌生，但它具有很好的设计潜力。方柱石的产量非常可观，不管是用作透明的刻面宝石或是半透明的具猫眼效应的弧面宝石，它都可以胜任。因此，近些年来，收藏方柱石的人开始逐渐增多。

方柱石

方柱石的产地

主要产地有马达加斯加、缅甸、巴西、坦桑尼亚等。

绿松石

绿松石工艺名称为“松石”，因其形状好似松球，颜色近似于松绿而得名。其英文名称为Turquoise，意思是“土耳其石”。但土耳其并不产绿松石，传说因古代波斯产的绿松石经土耳其运进欧洲而得名。

波斯人向世界各个国家输送绿松石的历史已经超过3000年，绿松石在当时受到各个国家人们的喜爱，真可谓供不应求。如今市场对于绿松石的需求依旧很大，以至于人们不仅致力于开矿，还致力于仿制和再造绿松石。

在亚洲，绿松石备受欢迎，很多古国都认为绿松石可以治疗疾病。历史上，阿拉伯国家认为绿松石是幸运宝石，可以佑护佩戴者不沾染邪恶，并能治疗很多疾病。北美土著人、古印加人和阿兹特克人也非常崇拜这种宝石，在出土文物中发现了大量完好的镶嵌绿松石的古代首饰，其中包括护身符。

绿松石的产地

主要产地有伊朗、美国、阿富汗、澳大利亚、中国、墨西哥、智利、俄罗斯等。

出土的老绿松石瑞兽

出土的青金石兽面纹炉

青金石

青金石在中国古代称为璆琳、金精、瑾瑜、青黛等。青金石以色泽均匀、无裂纹、质地细腻、有漂亮的金星为佳，如果黄铁矿含量较低，在表面不出现金星也不影响质量。但是如果金星色泽发黑、发暗，或者含有过多方解石而在表面形成大面积的白斑，则价值就会大大降低。

青金石的名字是从阿拉伯语“天堂石”翻译而来，古代人对于青金石的评价非常高。

天然青金石呈深亮蓝色，是完全不透明的，常含有金色或银色的小黄铁矿包裹体，在宝石内部以脉状或层状出现。顶级青金石呈现均匀的带有紫色调的深蓝色，不含黄铁矿的包裹体。

现在阿富汗依旧被公认为最优质的青金石产地，那里的青金石拥有最好的蓝色调，价格也是最为昂贵的。产自西伯利亚的俄罗斯青金石也常能见到不错的宝石，但是由于含有黄铁矿包裹体，颜色一般较浅。

青金石的产地

主要产地有加拿大、智利、阿富汗、俄罗斯、美国等。

金绿宝石

金绿宝石亦称金绿玉、金绿铍，属金绿宝石族中的一种矿物。它位列名贵宝石之中是由于它具有两个特殊的光学效应，即猫眼效应和变色效应。金绿宝石中具有猫眼效应的变种叫猫眼石，具有变色效应的变种叫变石，又叫亚历山大石，二者都是高档的宝石品种，极为罕见和贵重。

猫眼石呈半透明状，颜色有棕褐色、淡褐黄色、淡褐绿色、蜜黄色、灰色等。猫眼石的光带纤细、明亮、移动灵活，即使在室内光照条件下也十分清晰。

变石是含铬、具有变色效应的金绿宝石变种。它在阳光下呈绿色，在白炽灯或烛光下呈红色。其他特征与透明的金绿宝石和猫眼石类似。它的名称源于俄国沙皇亚历山大二世，他在 21 岁生日那天戴着镶有变石的皇冠出席典礼，以自己的名字将变石命名为亚历山大石。很多国家和地区的人们都认为这种宝石能给人带来好运。金绿宝石猫眼被认为具有神秘的魔力，很多人拿来作护身符。

金绿宝石是金绿宝石族的第三个成员，由于变石和猫眼太过出名，以至于金绿宝石常常被人们遗忘。金绿宝石其实具有很多优异的品质，宝石尺寸大、耐磨并且纯净，颜色也非常漂亮，而且价格非常便宜。

金绿宝石族宝石的产地

变石：俄罗斯、斯里兰卡、巴西、坦桑尼亚等。

猫眼石：俄罗斯、斯里兰卡、巴西、坦桑尼亚等。

金绿宝石：马达加斯加、巴西、斯里兰卡等。

金绿宝石手镯

爱情和忠贞的象征
——钻石

18k金钻石吊坠

钻石文化

从人类发现第一颗钻石起，它在人们心中的地位就已经无可替代。因为钻石是坚硬的，所以人们认为它象征着力量；因为钻石是洁净的，所以人们认为它象征着纯洁。人们对于它的渴望与追求从来就没停止过，钻石本身无可抵挡的魅力，深深吸引着每一个人。

据记载，罗马时期有人认为吞下钻石粉便可以防治疯魔病。中世纪时期，西方人将钻石看作勇气和阳刚之气的象征，佩戴钻石成为当时男人们的特权。西方人认为钻石是权力的象征，任何人都无法摧毁，所以军队的领导人常常把钻石当作装饰品佩戴。据说，在拿破仑东征西讨时，他的剑柄上就镶着一颗大钻石，如此才使他所向披靡。

1304年，人们在印度的戈尔康达地区发现了一颗大粒宝石级金刚石，后来被命名为“伟大的马果”。这颗钻石重793.50克拉，约有半个鸡蛋那么大，无色透明，光彩夺目。这是迄今为止世界上发现的第四大宝石级金刚石。1849年，这颗钻石被盗，后来有人将它献给了英国女王维多利亚。1862年，经过专家的精心

设计，这颗钻石被分割成若干颗小钻石，其中一颗重186.10克拉，被命名为“光明之山”；还有一颗重186.90克拉，被称为“奥尔洛夫”。

18世纪初期，彼得大帝在圣彼得堡内的东宫建造了珍藏珠宝的库房。彼得大帝去世后，继位的女皇叶卡捷琳娜二世是俄国历史上最为痴迷珠宝的女沙皇。在她统治期间，俄国出现了最出色的钻石切割专家。

1762年，在叶卡捷琳娜二世的加冕仪式上，最为耀眼的是那顶大皇冠，上面镶嵌了4936颗钻石，共重2858克拉，这之中最为重要的10颗钻石，都是从欧洲各王国的王冠上摘下来的。另外，叶卡捷琳娜二世还有一本《圣经》，银制的封面上镶嵌了3017颗钻石。

曾经有人将世界排名前10的名钻作了一下统计，发现其中3颗都收藏在俄罗斯的钻石库中，最出名的要数“奥尔洛夫”钻石了。“奥尔洛夫”钻石纯净无瑕，稍微带一点淡蓝绿色，晶体中有几个极小的淡黄色包裹体，举世罕见。“奥尔洛夫”钻石厚22毫米，宽31~32毫米，长35毫米，重189.62克拉。这颗闻名于世的钻石，曾被镶嵌在沙皇权杖的顶端，现在已

18k金钻石吊坠

18k金钻石吊坠

经成为俄罗斯钻石库中最为重要的藏品之一。

“沙赫”钻石的名字曾轰动世界，这颗钻石重 88.70 克拉，是唯一一颗刻字的大钻石。这颗钻石最早发现于印度，后来由于种种缘故辗转到了波斯国。这颗钻石的三个抛光面都刻着波斯文字。1829 年，俄国驻波斯大使遇刺身亡，沙皇异常愤怒，波斯王子为了平息沙皇的怒火，便将珍宝“沙赫”送到了俄国，后来它便一直保存在俄国。

18k 金钻石吊坠

18k 金钻石吊坠

Jewelry

18K金花形钻石吊坠

主钻分数：1 克拉

副钻分数：100 分及以上（含所有副钻）

钻石形状：圆形

钻石净度：VVS/ 极微瑕

钻石颜色：I-J 淡白

钻石切工：VG / 很好

镶嵌方式：群镶

镶嵌材质：K 金镶嵌

18K铂金豪华绿翡翠南非钻石吊坠

主钻分数：无主钻

副钻分数：100 分及以上（含所有副钻）

钻石形状：圆形

钻石净度：20 分以下不分级

钻石颜色：I-J 淡白

钻石切工：VG / 很好

镶嵌方式：群镶

镶嵌材质：K 金镶嵌

铂金钻石吊坠

主钻分数：1.05 克拉钻

副钻分数：10 分以下

钻石形状：圆形

钻石净度：VVS / 极微瑕

钻石颜色：F-G 优白

钻石切工：VG / 很好

镶嵌方式：单钻

镶嵌材质：铂金镶嵌

18K金彩钻戒指

主钻分数：20 克拉钻

副钻分数：30~59 分

钻石形状：公主方

钻石净度：VS / 微瑕

钻石颜色：彩钻

钻石切工：VG / 很好

镶嵌方式：群镶

镶嵌材质：K 金镶嵌

钻石的分类

1. 按照用途可分为两大类：工业钻石（包括磨料钻石）和宝石级钻石。工业钻石主要用于工业生产，宝石级钻石主要用于钻石制作。

2. 按照颜色可分为两大类：无色至淡黄（褐、灰）色系列和彩色系列。无色系列包括接近无色和微褐、微黄、微灰色；彩色系列包括粉红色、蓝色、黄色、褐色、红色、绿色、紫罗兰色。

18k 金钻石戒指

18K铂金天然南非彩钻吊坠

主钻分数：1.047 克拉钻

副钻分数：100 分及以上（含所有副钻）

钻石形状：椭圆

钻石净度：SI / 小瑕

钻石颜色：彩钻

钻石切工：VG / 很好

镶嵌方式：群镶

镶嵌材质：K 金镶嵌

Jewelry

18K铂金钻石吊坠

主钻分数：1.2 克拉钻

副钻分数：10~29 分

钻石形状：圆形

钻石净度：VS / 微瑕

钻石颜色：F-G 优白

钻石切工：VG / 很好

镶嵌方式：群镶

镶嵌材质：K 金镶嵌

18K金水滴形钻石吊坠

主钻分数：2.5 克拉钻

副钻分数：100 分及以上（含所有副钻）

钻石形状：水滴形

钻石净度：VS / 微瑕

钻石颜色：H 白

钻石切工：未分级

镶嵌方式：群镶

镶嵌材质：K 金镶嵌

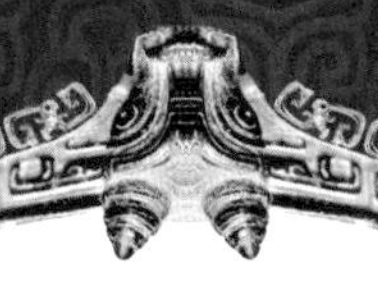

Jewelry

18K 铂金心形钻戒

主钻分数：4.6 克拉钻

副钻分数：100 分及以上（含所有副钻）

钻石形状：心形

钻石净度：SI / 小瑕

钻石颜色：K-L 浅黄白

钻石切工：未分级

镶嵌方式：群镶

镶嵌材质：K 金镶嵌

钻石的分布

18k 金钻石

目前，世界上出产钻石的国家主要有南非、俄罗斯、澳大利亚、加拿大、扎伊尔、博茨瓦纳、纳米比亚、加纳、塞拉利昂、利比里亚、安哥拉、中国、巴西、委内瑞拉等。据统计，地球上已经探明的未开采钻石约有 25 亿克拉。随着科学技术的发展，专家们每年都能探测出新的钻石矿区。现在全世界每年开采的钻石约有 1 亿克拉，其中只有 20％为宝石级钻石。

18k 金钻石镶碧玺戒指

在2000年前的印度戈尔康达王朝，产出了历史上的第一批钻石。闻名世界的“光之山”“希望钻石”等许多特大名钻都产于那一时期。这些钻石一经产出，就受到帝王和豪门的追求。现在印度的钻石矿已经枯竭，第二次世界大战后，世界上大部分的钻石产自南部非洲。

有关专家通过技术探测发现，现在在南部非洲存在着10亿克拉以上的金刚石，从目前南部非洲开采出来的钻石情况看，大颗的优质钻石越来越少。塞拉利昂以出产最优质的金刚石著称，这些优质的金刚石主要产自冲积砂矿中。安哥拉也是出产优质金刚石的国家，另外还有扎伊尔、津巴布韦。南非、纳米比亚、博茨瓦纳、扎伊尔、安哥拉等世界上主要钻石产区都位于南部非洲，纳米比亚有世界上最大的钻砂矿，95%以上的宝石级金刚石产自这里。

1902年，人们第一次在南非普列米尔发现了原生钻石矿床，这里产出的“库里南”(3106克拉)钻石是世界上最大的宝石级金刚石。

1905年，在南非（阿扎尼亚）的普列米尔矿山，一个名叫威尔士的经理，偶尔看见矿场的地上半露出一块闪闪发光的东西，他用小刀将它挖出来一看，是一块成年男子的拳头大小的宝石级金刚石。它纯净透明，带有淡蓝色调，是最佳品级的宝石级金刚石。一直到现在，它还是世界上发现的最大的宝石级金刚石。

在普列米尔矿山还发现了世界第二大宝石级金刚石“高贵无比”(995.2克拉)，这块钻石的晶形不完整，呈梨形，蓝白色，透明如水。博茨瓦纳也是最重要的钻石产地之一，这个国家出口收入的70%以上都来自钻石，现在这里的金刚石产量仍是世界第一。扎伊尔、博茨瓦纳、南非、纳米比亚、安哥拉、坦桑尼亚、塞拉利昂、加纳等这些非洲国家的钻石储量占全球已探明钻石总储量的56%，约31%为宝石级钻石。

巴西是钻石大国，这里的钻石主要产在冲积矿砂中，很多著名的钻石来自巴西，例如“瓦加斯总统”和“科雅斯”。

1990年，人们在加拿大西北靠近北极圈的湖泊地带发现了金伯利岩型原生矿，这是钻石史上的一次新突破，现在，加拿大已经成为世界上金刚石第三产区。

澳大利亚是非常重要的金刚石产地之一，进入20世纪70年代后，在西澳金伯利高原发现了储量极大的金刚石原生矿床。1979年，在澳大利亚钾镁煌斑岩中

18k 金钻石镶碧玺吊坠

第一次发现了钻石，从钻石矿床学方面来看，这又是一个记录于史册的进展。随后在西澳北部又发现了 150 多个钾镁煌斑岩体，令人惊奇的是这些岩体中同样含有钻石，而且是玫瑰色、粉红色和少量蓝色钻石，都属当世珍宝。有一颗重 3.5 克拉的高净度玫瑰色钻石，卖出了 305 万美元的高价。

俄罗斯也是出产金刚石的主要国家之一，这个国家的矿产主要分布在西伯利亚雅库特、乌拉尔等区域。虽然这些地方的金伯利岩产出的钻石颗粒不大，但是产出了不少透明度较好的钻石，现在俄罗斯的钻石产量已经位于世界第二位。俄罗斯最大的金刚石开采地是萨哈（雅库特）共和国西部。1949 年，在这个地方发现了金刚石矿，20 世纪 70 年代正式大量开采。罗蒙诺索夫是欧洲最大的金刚石产地，已经探明的储藏量价值超过 120 亿美元，但是俄罗斯并没有进行大量的开采。格里勃也是俄罗斯一个质量上乘的金刚石产地之一，已探明的储量价值约为 50 亿美元。

纳米比亚一直被称为优质钻石王国，这里的冲击矿床中有最好的钻石。这些优质的钻石经历了自然风化被搬运到海边，所经历的路程超过 1000 英里（约 1609 千米）。在这段旅程中钻石中脆弱的部分被分离，在特定

的沉积环境中，不同形状、不同大小的钻石按一定规律分布在岩层中。据估计，这里的钻石 95％以上为宝石级钻石。

德国殖民者将铁路修到了纳米比亚的西南沿海小城吕德里茨。一天，一名在南非“钻石之城”金伯利待过的铁路工人捡到了几块奇怪的石头。经过这名铁路工人的仔细观察，他认定里面储藏着钻石，于是将这一情况告诉了德国上司施坦茨。施坦茨对于这一消息非常重视，他找到了专家对这些石头进行鉴定，发现里面储存着顶级钻石。后来他不动声色地将这片沙漠的所有权买了下来，开始秘密挖掘。

这一消息并没有封锁太久，还是传了出去，世界各地的人争相来到这里。德国殖民当局已经将奥兰治河的区域划为禁区，只有一家德国公司在这里开采钻石。据称此后 6 年间，共开采出 460 多万克拉的钻石，价值 700 万英镑。

在世界上出产钻石的国家和地区中，我国也占有一席之地。据资料记载，在清朝道光年间，湖南西部的农民先后在桃源、常德、黔阳一带发现钻石。新中国成立后，经过专家多年不懈地勘探，先后在山东、吉林、湖南、辽宁、河北、贵州、山西、河南、湖北、安徽、新疆、江苏、江西、内蒙古、广西和西藏等省区发现钻石。近几年国内宝石级钻石年产量在 20 万克拉左右。

18k 金钻石镶碧玺戒指

18k 金钻石镶碧玺戒指

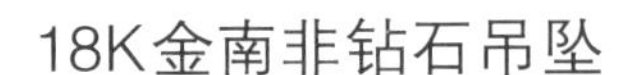

18K金南非钻石吊坠

参数

主钻分数：无主钻

副钻分数：100 分及以上（含所有副钻）

钻石形状：圆形

钻石净度：20 分以下不分级

钻石颜色：I-J 淡白

钻石切工：VG / 很好

镶嵌方式：群镶

镶嵌材质：K 金镶嵌

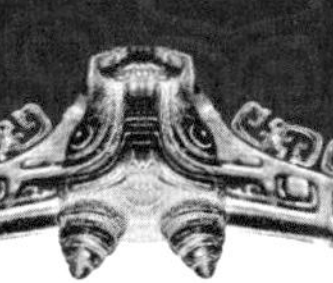

Jewelry

18K金钻石吊坠

主钻分数：无主钻

副钻分数：100 分及以上（含所有副钻）

钻石形状：圆形

钻石净度：SI / 小瑕

钻石颜色：H 白

钻石切工：VG / 很好

镶嵌方式：群镶

镶嵌材质：K 金镶嵌

18K金天然南非钻石吊坠

参数

主钻分数：80~99 分

副钻分数：10~29 分

钻石形状：橄榄形

钻石净度：SI / 小瑕

钻石颜色：I-J 淡白

钻石切工：VG / 很好

镶嵌方式：群镶

镶嵌材质：K 金镶嵌

钻石的保养

作为贵重首饰的钻石，佩戴在身上可以增添魅力，但是由于钻石具有亲油脂性，佩戴时间过长就会使钻石沾上皮肤油脂以及生活中我们所接触的一些油垢，这会使钻石的光泽变得暗淡，因此，我们需要对钻石进行保养。

（1）清洁液洁净法：取一个干净的容器，盛适量干净的温水，然后加入适量的中性清洁剂，将钻石在混合溶液中浸泡数分钟，轻

18k 金钻石镶海蓝宝石戒指

轻刷洗，洗刷干净后用流水冲洗干净，最后用一块柔软无棉绒的布擦干即可。

（2）冷水洁净法：找一个干净的容器，加适量的清水和家用亚摩尼亚溶液混合，将钻石在混合溶液中浸泡 30 分钟，然后用小刷子轻轻刷洗，再放入清水中轻轻晃动淘洗一会儿，最后用纸巾吸干水分即可。

（3）快速洁净法：购买一种名牌的珠宝清洁液，按照其附带的说明直接清洗即可。

（4）超声波洁净法：在很多珠宝店的售后服务处大多配有超声波清洗机，售后人员会帮助顾客清洗珠宝。

18k 金钻石 镶锰铝榴石戒指

Jewelry

18K 彩金吊坠

主钻分数：1.2 克拉钻

副钻分数：10~29 分

钻石形状：圆形

钻石净度：VVS / 极微瑕

钻石颜色：I-J 淡白

钻石切工：VG / 很好

镶嵌方式：群镶

镶嵌材质：K 金镶嵌

铂金天然南非钻石吊坠

参数

主钻分数：无主钻

副钻分数：100 分及以上（含所有副钻）

钻石形状：圆形

钻石净度：20 分以下不分级

钻石颜色：I-J 淡白

钻石切工：VG / 很好

镶嵌方式：群镶

镶嵌材质：铂金镶嵌

Jewelry

18K 天然南非水滴形钻石吊坠

主钻分数：40~49 分

副钻分数：100 分及以上（含所有副钻）

钻石形状：水滴形

钻石净度：VVS/ 极微瑕

钻石颜色：I-J 淡白

钻石切工：VG / 很好

镶嵌方式：群镶

镶嵌材质：K 金镶嵌

铂金钻石戒指

参数

主钻分数：1 克拉钻

副钻分数：无副钻

钻石形状：圆形

钻石净度：IF / 镜下无瑕

钻石颜色：D-E 极白

钻石切工：EX / 完美

镶嵌方式：瓜镶

镶嵌材质：铂金镶嵌

钻石的鉴别

钻石是天然珠宝中的王者，也是天然物质中最为坚硬的物质，钻石可以刻划任何宝石，但是其他宝石是无法刻画钻石的。我们见到的钻石，凡是硬度小于 9 的都是假钻石。钻石比其他宝石亲油性高，如果拿钢笔在钻石抛光面上画一条线，那么这条线会是连续不断的直线，其他宝石上则会呈现出断断续续的线。这种方法可为您在购买钻石时起一定参考作用。

钻石戒指

我们在购买钻石时，还可以将钻石拿到 10 倍放大镜下观察，多数钻石是有瑕疵的，多为三角形的生长纹，钻石表面有很多颜色不一的火光，放在眼前给人一种光芒四射的感觉。鉴定钻石最可靠的方法是用“热导仪”测导热数据，以此来分辨钻石的真假。

钻石戒指

钻石的物化性质是鉴别钻石的主要依据，尤其是物理常数测定。因为钻石具有极高的硬度和独特的切磨工艺，并且是严格按照设计要求（如款式、角度）进行加工的，所以钻石的加工情况，也可作为鉴别的辅助依据。

1. 肉眼观察法

（1）光泽：金刚光泽是钻石的典型特征。

（2）颜色：一般钻石都是无色、浅黄、浅褐、浅灰色，天然彩色钻石是非常罕见的，有些彩钻是通过辐照处理改色的。

（3）色散与全反射：钻石的强色散，使钻石具有明显而柔和的火彩。标准切工的钻石，其底部刻面可使入射光形成全反射，不会漏光，看上去很明亮。

2. 仪器（10 倍放大镜或显微镜）观察法

（1）切工：钻石为名贵珠宝，其切工是非常考究的。同种刻面大小匀称，刻面平滑、尖点尖锐，棱线直而有锋。

（2）包裹体以及充填物：天然钻石常含有黑色石墨、棕色或红色尖晶石、小八

18k 金钻石镶碧玺吊坠

18k 金钻石镶碧玺吊坠

面体金刚石、红色镁铝榴石、绿色顽火辉石、橄榄石、暗色云母以及钛铁矿、磁铁矿等矿物包裹体。而合成钻石常含有针状、片状、不规则状金属（镍、铁）包裹体和尘埃状、微粒状黑色包裹体。激光打孔和充填的钻石，可见到充填物五颜六色的闪光效应，并且常有气泡。

（3）颜色：在散射光照明下，一般天然黄色或蓝色钻石的颜色，分布非常均匀，而合成钻石的颜色分布是不均匀的；辐照改色的钻石，其色带平行于刻面。

3. 仪器检测法

借助仪器对钻石进行检测是不可缺少的环节，钻石常规项目的测定数据是鉴定钻石的可靠依据。但是，无论哪一种仪器和方法都不是万能的。例如热导仪，这种仪器原本是专门为鉴别真假钻石而设计制造的，然而由于造假技术越来越高，造假者常用一种叫作合成碳硅石的宝石来假冒钻石，这种宝石的热导性和钻石颇为相近，因此难以区分。在鉴别时，我们应将鉴定所得的数据进行综合分析，这样才能鉴别出真正的天然钻石。

K 金钻石戒指

主钻分数：3.5 克拉钻

副钻分数：10~29 分

钻石形状：圆形

钻石净度：IF / 镜下无瑕

钻石颜色：F-G 优白

钻石切工：EX / 完美

镶嵌方式：群镶

镶嵌材质：K 金镶嵌

Jewelry

铂金钻石戒指

主钻分数：3.01 克拉钻

副钻分数：10~29 分

钻石形状：圆形

钻石净度：VVS / 极微瑕

钻石颜色：D-E 极白

钻石切工：EX / 完美

镶嵌方式：群镶

镶嵌材质：K 金镶嵌

18K 玫瑰金彩钻戒指

主钻分数：3.6 克拉钻

副钻分数：10~29 分

钻石形状：椭圆

钻石净度：SI / 小瑕

钻石颜色：彩钻

镶嵌方式：群镶

镶嵌材质：K 金镶嵌

第三章

绿色宝石之王
——祖母绿

祖母绿文化

哥伦比亚 180 克拉特大祖母绿镶钻吊坠

祖母绿在人类历史上备受推崇，无论在古代还是在现代，它的价值都远远高于其他宝石。据历史记载，早在 6000 多年前，古巴比伦的珠宝市场上就已经有了祖母绿的身影。在古希腊，祖母绿被称为绿色石头和“发光石头”，人们将祖母绿作为献给希腊神话中爱和美的女神维纳斯的高贵珍宝。古罗马人对祖母绿是非常喜欢的，据记载，罗马暴君尼禄有一副用祖母绿制作的眼镜，同时，尼禄还到处搜寻祖母绿。古代波斯人同样喜欢祖母绿，据不完全统计，单单在伊朗王室就有数千件祖母绿珍宝。古印度人按照“纳瓦拉特那”风格制作的金指环和银指环中镶满了祖母绿。印加帝国国王的王冠上镶有 453 颗祖母绿，共重 1521 克拉，其中最大的一颗为 45 克拉，1593 年此王冠被安置在哥伦比亚大教堂的圣母像上。

谈到世界上著名的祖母绿，我们不得不提那条法拉项链。1600 年，哥伦比亚首都圣菲波哥大以北 200 千米的莫索经历了一次巨大的洪水，洪水过后人们在黑色的污泥中看到翠绿色的祖母绿晶体，在阳光下闪闪发光。摩斯卡斯人从中挑出最优质的晶体制作出一条精美的项链献给了当地的法拉公主，后来人们将这里的祖母绿矿山命名为法拉。天然祖母绿有包裹体和裂隙，但制作这条祖母绿项链的晶体非常大而且特别美丽，瑕疵也比较少。这条项链遗存到今天，不仅是名贵的珠宝首饰，更是珍贵的历史文物，堪称绝世佳品。后来这条项链被一位华侨购买并保存到现在。1993 年，这条项链在北京国际贸易博览会上展出，有一位美国富豪打算用 2 亿美元将其买下，但遭到主人的拒绝。

哥伦比亚祖母绿矿的发现和开采，在祖母绿历史上有着重大意义。哥伦比亚出产的祖母绿可谓世人皆知、质量上乘。到目前为止，世界上最大的重达 1796 克拉的天然祖母绿就出产于哥伦比亚。早在 1000 年时，土著人就在哥伦比亚的丛林中挖到了祖母绿。在西班牙人征服印第安人时，印第安人保守了这个秘密，还将开采祖母绿的坑口清除，很多年后西班牙人才发现祖母绿矿藏的地点。1555 年，一位西班牙人在木佐地区骑骡时，一颗祖母绿无意中被踩进了骡掌，由此西班牙征服者掀起了寻宝热，但是在印第安人誓死的捍卫下，西班牙人在 4 年后才发现第二块祖母绿。据说，当时西班牙人打算放弃寻找祖母绿矿藏，在军队准备撤退杀鸡祭祀时发现鸡的嗉囊中有几颗宝石，于是部队又重新开始找矿，经过多方努力才终于找到。木佐矿区地处山区，开采起来非常困难，加上西班牙侵略者的压迫，印第安矿工们纷纷外逃，致使采矿业逐渐萧条，在 18 世纪已被人遗忘。1928 年，哥伦比亚人伊格纳西奥和政府签定了采矿合同并请来了英国工程师，以先进的技术开采出一批祖母绿。这些高质量的祖母绿被拿到巴黎出售，使得欧洲珠宝商们大开眼界，通过人们的传颂，哥伦比亚的优质祖母绿传遍世界，木佐矿也因此恢复了生机。

继木佐矿后，契沃尔矿在 1896 年被重新发现。弗朗西斯科从历史记载中找到资料，经过长达 17 个月的不懈探寻，终于找到了契沃尔矿。这一幕充满了戏剧性，当时弗朗西斯科在深山丛林中迷了路并且有些发烧，他打算用望远镜看远方山上的情况，却在低头时发现了脚下的祖母绿矿，这就是契

钻石祖母绿戒指

沃尔旧矿。

这些发现使得祖母绿的国际市场逐渐兴旺起来，并一直延续至今。哥伦比亚的首都圣菲波哥大市中心的希门尼斯大街，是世界上最大的祖母绿宝石交易市场，每天都有成千上万的珠宝商人和珠宝爱好者来此购买。

1990年，在我国云南与越南交界处的红河州地区，发现了祖母绿矿产，但是这里的祖母绿质量不高，大多用作标本和观赏石。20世纪90年代，在新疆靠近巴基斯坦的边境地区又发现了一处祖母绿矿产，这里的祖母绿质量非常好，但是产量不高，对祖母绿市场不会产生太大的影响。

18K金钻石祖母绿戒指

祖母绿钻石项链

从发现祖母绿起，人类就将它视为有着特殊功能的宝石，认为它可以避邪，还可以治疗很多疾病，如解毒退热、解除眼睛疲劳等。据说祖母绿宝石还能测试恋人之间的忠诚度，有些古籍如此记载："恋人忠诚如昨，它就像春天的绿叶；要是情人变心，树叶也就枯萎凋零。"

祖母绿是"五月之生辰石""巨蟹座的星辰石"，祖母绿并不仅仅只是外表华丽的宝石，它因与政治和权利的如影随形而创造了神奇的传说和丰富的历史。古代的埃及人、罗马人、阿兹特克人就将祖母绿视为无价之宝，欧洲人则认为它是王者之石。

K 金祖母绿戒指

主石材质：祖母绿

配石材质：钻石

主石重量：6.9 克拉

主石尺寸：13.3 毫米 × 11.22 毫米

镶嵌材质：K 金镶嵌

祖母绿的分类

按特殊光学效应分类

以此标准分类，可分为 4 个品种：祖母绿、祖母绿猫眼、星光祖母绿和达碧兹祖母绿。

1．祖母绿

这个品种是市场上最常见的，它没有任何特殊光学效应，是祖母绿中最主要的品种。

2．祖母绿猫眼

这个品种具有猫眼效应，十分罕见，价格昂贵至极。

3．星光祖母绿

这个品种具有星光效应，比猫眼更为罕见，价格更加昂贵。

4．达碧兹祖母绿

这个品种产自哥伦比亚，有着特殊的光学现象，木佐矿区的达碧兹祖母绿单晶体中心，有碳质包裹体组成的暗色和向周围放射的六条臂。契沃尔矿区的达碧兹祖母绿单晶体中心，有绿色六方柱状的核和从柱棱外伸的六条绿臂，各臂间的 V 形区里有钠长石包裹体。这种宝石价值不大，但具有非同一般的观赏价值。

按产地分类

祖母绿的产地非常多，因此我们也可以按照祖母绿的出产地进行分类。祖母绿的主要产地有哥伦比亚、津巴布韦、印度、南非、巴西、俄罗斯、澳大利亚、巴基斯坦、坦桑尼亚等。由于各个地区的地质条件不同，因此产出的祖母绿也有不同特征，并形成不同的品种。

祖母绿配钻石戒指

18k 白金钻石祖母绿耳坠

1. 哥伦比亚祖母绿

哥伦比亚祖母绿是世界上质量最好的祖母绿，价值不菲。它的颜色一般是非常清澈的纯绿色或稍带黄的绿色，具有典型的三相包裹体、氟碳钙铈矿包裹体、铁锰质薄膜包裹体等。

2. 俄罗斯祖母绿

俄罗斯祖母绿与哥伦比亚祖母绿相比，带有更多的黄色调，更多的瑕疵，并具有十分典型的竹节状包裹体。

3. 印度祖母绿

印度祖母绿含有十分典型的逗号状包裹体。

4. 巴西祖母绿

巴西祖母绿呈浅绿色，常无瑕疵。

5. 坦桑尼亚祖母绿

坦桑尼亚祖母绿的质量也很好，8 克拉以下的可以与哥伦比亚祖母绿相媲美，8 克拉以上的质量就不太理想了。

6. 津巴布韦祖母绿

津巴布韦祖母绿的颜色多为深绿色，常有瑕疵，超过 0.3 克拉的切磨好的宝石十分罕见。

7. 赞比亚祖母绿

赞比亚祖母绿在色调上都稍微带些灰色，并且含有矿物包裹体。

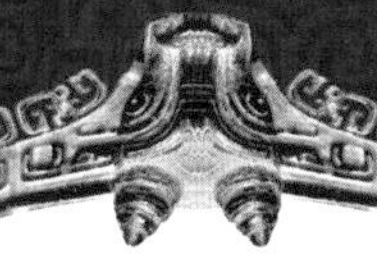

Jewelry

18K 铂金钻石祖母绿戒指

主石材质：祖母绿

配石材质：钻石

主石重量：5.65 克拉

主石尺寸：10.0 毫米 ×12.6 毫米

镶嵌材质：K 金镶嵌

K 金钻石祖母绿戒指

主石材质：祖母绿

配石材质：钻石

主石重量：5.70 克拉

主石尺寸：9.95 毫米 ×10.51 毫米

镶嵌材质：K 金镶嵌

K 金钻石祖母绿戒指

主石材质：祖母绿

配石材质：钻石

主石重量：1.944 克拉

主石尺寸：7.11 毫米 ×7.8 毫米

镶嵌材质：K 金镶嵌

祖母绿的分布

国际市场上最常见的祖母绿来自三个国家：哥伦比亚、巴西和赞比亚。

哥伦比亚出产的祖母绿早已成为世界公认的优质祖母绿。木佐和契沃尔是哥伦比亚最主要的两处祖母绿矿床。这两处矿床分布在圣菲波哥大东北约 100 千米的范围内，地处科迪勒拉山脉之中。16 世纪中叶，哥伦比亚祖母

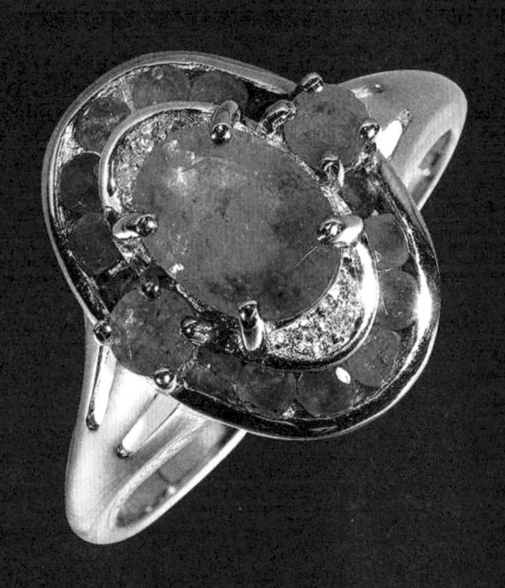

14K 金祖母绿戒指

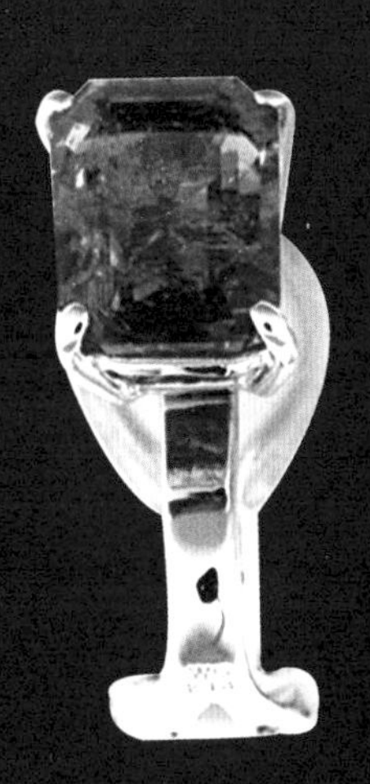

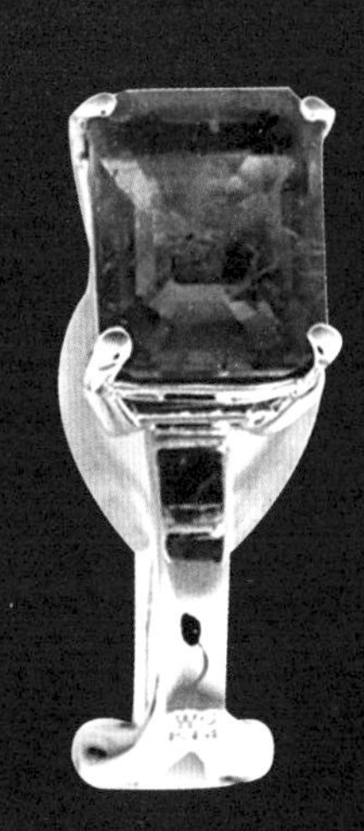

铂金祖母绿耳环

素纹紫罗兰色祖母绿手镯

绿开始开采，当时矿山被西班牙侵略者占领，直到1886年才归为国有。几个世纪以来，木佐和契沃尔矿山一直是世界上最大的优质祖母绿供应地，其产量约占世界优质祖母绿总产量的80%。哥伦比亚祖母绿主要产自沉积岩系的方解石、纳长石脉之中，围岩为炭质页岩和灰岩，含祖母绿的方解石脉、白云石方解石脉、黄铁矿方解石脉一般长为60米，宽为0.1~20厘米，呈脉状和网脉状。祖母绿在含矿脉中呈斑晶状产出。祖母绿呈柱状晶体，平均长2~3厘米，颜色为淡绿至深绿，稍微带点蓝色调、质地好、透明。祖母绿晶体中可见一氧化碳气泡，液状氯化钠和立方体食盐等气液固三相包裹体，这种品种的祖母绿在其他地区难得一见。另外，还常有黄铁矿、黑色炭质物、水晶、铬铁矿等包裹体。大多数人认为契沃尔矿区的略带蓝色的翠绿祖母绿质量是最好的，这种祖母绿被称为世界上最美丽的祖母绿。

1831年，乌拉尔的一个农民发现了祖母绿，矿区处于斯维尔德洛夫斯克附近。一个世纪以来，这里产出了成千上万克拉的优质祖母绿。

1927年，南非发现了祖母绿矿床，目前南非仍是世界上祖母绿的主要生产国之一，1956年人们在这里发现了一颗重24000克拉的优质祖母绿晶体，它是世界上最大的祖母绿晶体。这里的祖母绿颜色从浅绿至深绿，晶体一般长3~5厘米。地处南非德兰士瓦省东北部的矿床中的祖母绿质量极高，但晶体较小，伴生矿物有电气石、金绿宝石、黄玉等。

1957年，津巴布韦发现了祖母绿矿床。现在的产量依然很大，津巴布韦已经成

为世界上新兴的祖母绿主要出口国。津巴布韦的祖母绿呈不均匀分布的斑晶产出。矿体长 300~500 米，厚 0.2~10 米，深 100~200 米。祖母绿在矿带中含量不到 10%，优质祖母绿占新开采出的祖母绿总量的 5%，祖母绿呈六方晶形柱状体，晶体的平均粒径 1~3 毫米，大的晶体达 3 厘米，祖母绿粒度比较小，呈艳绿色，伴生矿物有金绿宝石等。

祖母绿在巴西的矿床中比较多见，然而这里的祖母绿晶体十分细小，还有很多瑕疵。1962 年，人们在巴伊亚州境内发现了优质的祖母绿，但多数颜色偏淡。

赞比亚祖母绿的品质非常喜人，这个产地的祖母绿不仅有良好的透明度，而且颜色也呈浓翠绿色，非常吸引人。优质的赞比亚祖母绿可以与哥伦比亚祖母绿相媲美。

1970 年，人们在坦桑尼亚马尼亚拉湖西岸的国家公园里发现了一处优质祖母绿矿床。这里的祖母绿颜色为淡黄绿色、浅绿色和浅艳绿色，晶体比较小，一般 0.1~5 厘米，最大的 4 厘米。

1958 年，人们在巴基斯坦白沙瓦发现了祖母绿矿床，这座矿床的面积达 12 公顷。这里产出的祖母绿呈深绿色、透明，多数晶体大于 1 克拉，但多含有包裹体。

红宝石祖母绿蓝宝石项链

哥伦比亚祖母绿项链

优质祖母绿可以同哥伦比亚的祖母绿相媲美。

1943 年，人们在印度拉贾斯坦邦发现了祖母绿矿床。这里产出的祖母绿晶体小，多有裂纹，质量较差，晶体为柱状和扁平状，平均长 3~5 厘米，颜色为淡绿色至深绿色。

1909 年，澳大利亚佩斯祖母绿矿床正式开采，它是澳洲唯一的祖母绿矿山。这里产出的祖母绿晶体为六方柱状，长 2 厘米，淡绿至黄绿色。祖母绿晶体中含杂质包裹体少，总体质量较高。

除此之外，祖母绿的产地还有阿富汗、奥地利及美国的北卡罗来纳、挪威等。我国云南也发现了祖母绿晶体，但是质量不好，得不到广大消费者的认可。

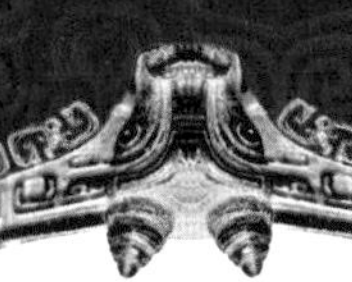

Jewelry

K 金祖母绿吊坠

主石材质：祖母绿

配石材质：钻石

主石重量：1.441 克拉

主石尺寸：暂无

镶嵌材质：K 金镶嵌

18K 铂金钻石祖母绿戒指

主石材质：祖母绿

配石材质：钻石

主石重量：1.327 克拉

主石尺寸：5.53 毫米 ×7.17 毫米

镶嵌材质：K 金镶嵌

祖母绿戒指

主石材质：祖母绿

配石材质：钻石

主石重量：1.979 克拉

主石尺寸：约 6.42 毫米 ×5.0 毫米 / 约 5.73 毫米 ×5.0 毫米 / 约 6.56 毫米 ×5.0 毫米

镶嵌材质：K 金镶嵌

祖母绿戒指

主石材质：祖母绿

配石材质：钻石

主石重量：1.572 克拉

主石尺寸：5 毫米 ×6 毫米

镶嵌材质：K 金镶嵌

祖母绿的保养

1. 祖母绿宝石不可与酸碱接触，不应和其他宝石放在一起，避免与其他宝石或金属摩擦，以免产生刮痕。在从事体力劳动或剧烈运动时，应将首饰摘下，以免受到碰撞，使宝石内部产生裂纹。

2. 祖母绿宝石不可停留在油烟熏蚀的地方，以免宝石的表面光泽受损。

3. 祖母绿宝石不可接触高温。在洗澡时最好先将首饰摘下，以免过热的温度使宝石内部产生裂纹或是扩大原有的内部包体。

4. 清洗祖母绿宝石时，最好选用清水。市场上的大多数祖母绿都经过油浸处理，以掩盖裂纹、增加宝石的透明度。因此，若用酸、碱、酒精、乙醚等清洗宝石有可能破坏羽裂中的充填物质，降低宝石的透明度。切记，祖母绿首饰万不可用超声波清洗，否则可能会对宝石造成无法挽回的损失。

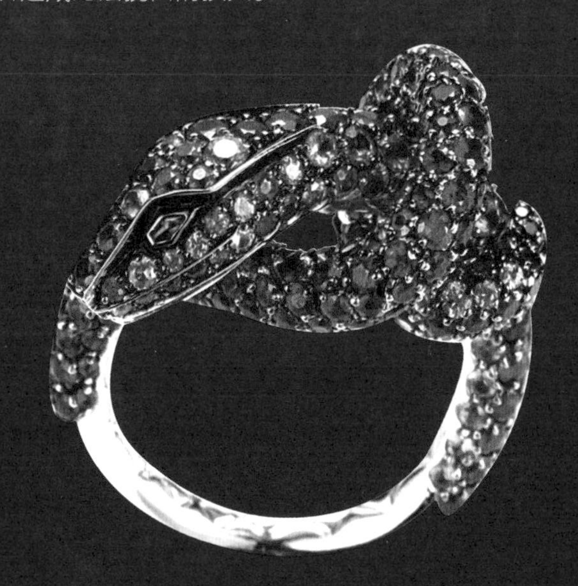

蛇形红宝石祖母绿黄金戒指

18K 金钻石祖母绿耳坠

主石材质：祖母绿

配石材质：钻石

主石重量：4.55 克拉

主石尺寸：上约 5.13 毫米 ×6.99 毫米，下约 5.7 毫米 ×3.8 毫米

镶嵌材质：K 金镶嵌

18K 金钻石祖母绿链牌

主石材质：祖母绿

配石材质：钻石

主石重量：2.175 克拉

主石尺寸：6.95 毫米 ×7.19 毫米

镶嵌材质：K 金镶嵌

Jewelry

18K金钻石祖母绿戒指

主石材质：祖母绿

配石材质：钻石

主石重量：1.288 克拉

主石尺寸：7.62 毫米 ×6.46 毫米

镶嵌材质：K 金镶嵌

祖母绿的鉴别

祖母绿的颜色十分诱人，有着其他宝石无法比拟的色彩和光泽。专家分析发现，人的视觉对绿色比对任何一种颜色都敏感，祖母绿的绿色使人的眼睛感到非常舒服，这是普通宝石难以相比的。祖母绿令人百看不厌，不管是晴天还是阴天，在自然光下还是灯光下，祖母绿总是发出柔和而又浓艳的光芒。

与祖母绿相似的天然绿色宝石有绿碧玺、磷灰石、萤石、绿色蓝宝石、翡翠、含铬钒钙铝榴石；人造祖母绿有合成祖母绿。在购买时，可以与以下天然绿色宝石对比进行区分：萤石的颜色为微带蓝的绿色，均质体，硬度小，为 4，密度 3.18 克 / 立方厘米，萤石的荧光为浅蓝色；绿碧玺，深蓝色的绿碧玺经过处理可成为纯正的

祖母绿挂坠

祖母绿钻石王冠

绿色，二色性非常明显，双折射率高，为 0.18，密度大；磷灰石的颜色为微带蓝的浅绿色，有蓝色调，硬度较小，为 5，折光率较大，为 1.632~1.667，紫外线下发磷光；优质半透明翠绿色的翡翠与祖母绿非常相似，但是翡翠有纤维交织结构，有比较细的纤维，祖母绿则没有；含铬钒钙铝榴石的颜色为翠绿色，均质体，强的亚金刚光泽；合成祖母绿，以助熔剂生长法或水热法合成，这类祖母绿的颜色非常浓艳，在紫外线下有非常强的红色荧光，滤色镜下呈鲜明的红色。

天然祖母绿与合成品之间的区别

由于天然祖母绿的产量非常少，因此它的价格也一直居高不下，有些投机取巧的商人便利用现代科学技术和方法来制作合成宝石。现在，人们已经有了三种熟练的合成祖母绿的方法：助熔剂生长法、水热法和镀层法（实际上就是水热法）。合成祖母绿与天然祖母绿的物理化学特征相似，很难通过测定物理化学特征的方法来鉴别它们。

区分合成祖母绿与天然祖母绿的方法主要有：

（1）通过颜色来鉴别。合成祖母绿的颜色比天然祖母绿的颜色浓艳，净度要比天然祖母绿高，而且有较强的红色荧光。现在有一种专门鉴定合成祖母绿的仪器——查尔斯滤色镜，通过这个仪器能够看出合成祖母绿呈现的鲜红色。

（2）通过包裹体来鉴别。天然祖母绿具有特殊的包裹体，如三相包裹体、竹节状包裹体和逗号状包裹体，一般合成祖母绿没有这些典型的矿物包裹体特征。合成祖母绿本身具有自己典型特征的包裹体，如云团状不透明未熔化的熔质和熔剂包裹体、银白色不透明三角形铂片包裹体等。由于镀层祖母绿是将绿柱石用水热法在镀上一层祖母绿而成，因此，除了表面具有典型的网状裂纹外，其内部还具有典型的绿柱石包裹体特征，是很容易鉴别的。

天然祖母绿与优化处理品的区别

天然祖母绿往往存在着多种缺陷，有些裂纹很多，有些颜色不好，有些太小。为了提高祖母绿的质量，同时在市场上获得更大的利益，人们便将它们进行优化处理。目前市场上优化处理祖母绿的方法有很多，最常见的有注油处理、染色处理、箔衬处理、镀层处理和拼合处理等。

如何鉴别天然祖母绿的产地

祖母绿的产地决定着其质量，不同产地的祖母绿在价格上存在着很大差异。哥伦比亚祖母绿更受消费者欢迎，因此价格也高于其他产地的祖母绿。如果我们能准确地鉴别出祖母绿的产地，便能对其质量有大致的了解。

1．外观特征

不同产地的祖母绿有着不同的外观特征：哥伦比亚祖母绿为翠绿色；巴西祖母绿黄色比较重、带有褐色的翠绿色，透明度差，常常能看到平行

祖母绿玫瑰胸花

裂纹。

2．包裹体特征

包裹体是鉴别祖母绿产地的一个关键部分。在放大镜和显微镜下，哥伦比亚祖母绿裂纹很多，常常可以看到裂隙内充满褐色的铁质薄膜，具有典型的气、液、固三相包裹体，还有黄褐色粒状氟碳钙钸矿包裹体、纤维状包裹体、黄铁矿包裹体、磁黄铁矿包裹体和辉钼矿包裹体等。俄罗斯祖母绿裂隙比较少，具有阳起石包裹体，外观特别像竹筒（俗称竹节状包裹体），另外还常见页片状黑、白云母包裹体，这也是祖母绿呈褐色的原因。印度祖母绿的包裹体呈“逗号”状。巴基斯坦祖母绿具云母片和两相包裹体等。

3．查尔斯滤色镜

通过这种滤色镜观察哥伦比亚祖母绿，会看到祖母绿的颜色呈红色或粉红色，其他产地的祖母绿不变色或不明显。

K 金钻石祖母绿戒指

参数

主石材质：祖母绿

配石材质：钻石

主石重量：1.334 克拉

主石尺寸：5.3 毫米 ×7.9 毫米

镶嵌材质：K 金镶嵌

18K 金钻石祖母绿耳钉

主石材质：祖母绿

配石材质：钻石

主石重量：1.5 克拉 / 2 粒

主石尺寸：5 毫米 ×5 毫米

镶嵌材质：K 金镶嵌

K 金钻石祖母绿戒指

主石材质：祖母绿

配石材质：钻石

主石重量：2.399 克拉

主石尺寸：10.5 毫米 ×7.9 毫米

镶嵌材质：K 金镶嵌

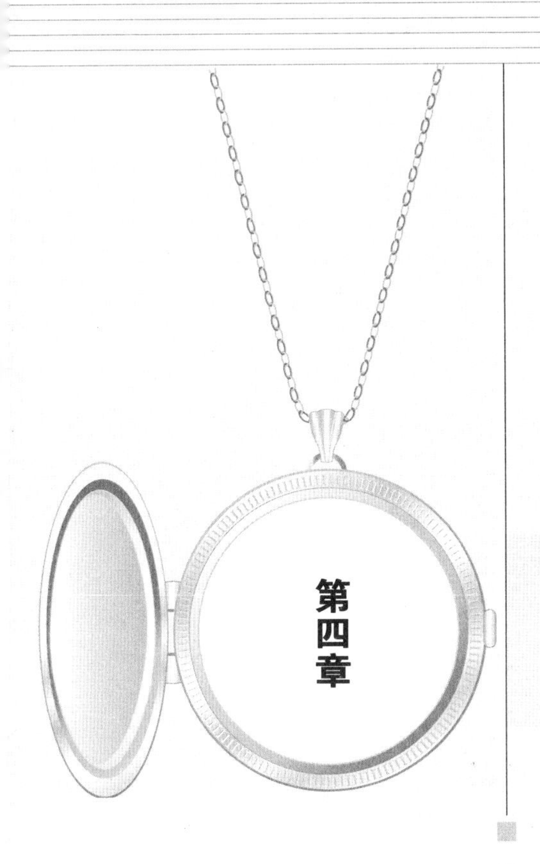

第四章 宝石中的公主——水晶

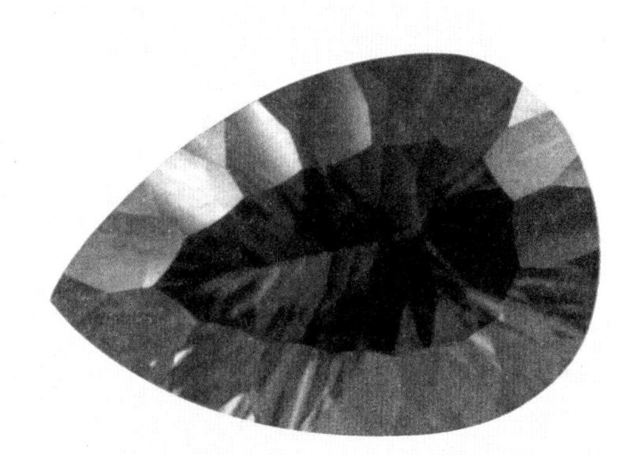

水晶文化

人们常常以水晶来比喻爱情的美丽、纯洁。璀璨而珍贵的水晶总是与一段神奇而充满浪漫色彩的故事分不开。古希腊人认为水晶是“洁白的冰”，相信其中隐藏着神灵，把水晶球放在家里，可以预言未来。大多数人则认为水晶可以促使人与人之间互相谅解、互通心灵。

有关水晶的各种称呼

《山海经》中将水晶称为水玉，赞美的是“其莹如水，其坚如玉”的质地。李时珍则根据它莹洁晶光、如水之精英的特点，称其为水精。佛家弟子相信水晶会闪烁神奇的灵光，普度众生，于是，水晶又被尊崇为菩萨石。结晶完整的水晶晶体，犹如参差交错的马齿，所以人们又叫它马牙石。广州一带过去称水晶为晶玉，又名鱼脑冻。江苏东海县山民发现水晶会“蹿火苗”，于是叫它放光石。

无色水晶手链

七彩水晶手链

紫水晶姑娘

传说古希腊酒神巴斯卡爱上了美丽的女神戴安娜，但是戴安娜并不爱巴斯卡。巴斯卡内心悲伤不已，这种悲伤渐渐转化为仇怨。为了报私仇，他宣布自己遇到的第一个女人将被老虎吃掉。

有一天，一个叫阿麦斯特的美丽姑娘经过酒神巴斯卡身边。于是，巴斯卡将这个美丽的姑娘残忍地推到了一只凶猛的老虎面前。恰好戴安娜女神看见了这一幕，为使姑娘免遭伤害，女神用法术将她变成了一块白色的水晶雕像。没有反应过来的巴斯卡被这尊圣洁的水晶雕像深深迷住了，他顿时醒悟，为自己的行为感到后悔。可是，一切都已经发生了，无法挽救。巴斯卡因为后悔而走神，不小心将一滴葡萄酒滴在了雕像上，这美丽的白水晶瞬间变成了紫水晶。为了弥补自己的过失，也为了纪念这位姑娘，巴斯卡就以这位姑娘的名字“Amethyst”来命名紫水晶。

这个传说流传范围很广，据说在宴会佩戴紫水晶可以让喝酒者避免失去理智。

一夜成名天然紫水晶吊坠

水晶算盘吊坠

水晶灯

在中国也有关于水晶的传说。据说很久很久以前的东海有座小山冈，叫做房山。有两股清凌凌的泉水从山间缓缓流过，这两股泉水一个叫“上清泉”，一个叫“下清泉”。在这两股清泉附近居住着美丽的水晶仙子和她的父亲。水晶仙子爱上了附近村中的一名小伙子，这名小伙子的家庭状况十分不好，但是他勤劳善良、乐于助人。小伙子也十分喜欢美丽的水晶仙子，两人决定结为夫妻。

这件事很快就传到了天庭，玉皇大帝大发雷霆，派出天兵天将前往人间将水晶仙子押回天宫。水晶仙子不愿离开自己深爱着的丈夫，但是她又没有任何办法，一路流着眼泪回到了天庭。这些眼泪落到人间，化为一块块美丽的水晶。

水晶头骨

1924 年，英国考古学家米歇尔带着自己的养女安娜前往玛雅人的城市遗址。他们在这里发掘出了一个和真人头骨一般大小、高 12.7 厘米、重 5.2 千克、通体透明的水晶头骨。水晶是一种硬度极高的宝石，根本无法任意切割，更别提随意塑形了。玛雅人留下的这个水晶头骨，让人不得不感到诧异。据居住在发现水晶头骨附近的老人说，这个头骨可能具有某种通灵之力，能够向人们昭示远古和未来的秘密。很多人还认为，这个水晶头骨能够改变人们思考和感知事物的方式。人们对这个水晶头骨的说法越传越神奇，因此，人们对于玛雅文化的关注也骤升。

科学家们经过仔细研究，发现这个神秘的水晶头骨是用 19 世纪欧洲珠宝行常用的加工宝石的方法制成的。原来这件雕刻逼真的水晶头骨根本不是玛雅人遗留下来的文物，而是后人制造的赝品。

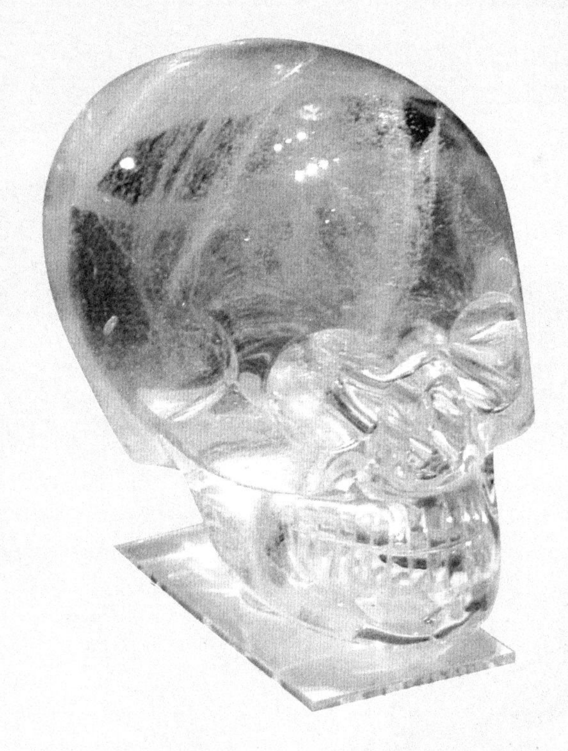

水晶头骨

水晶棺

我们常常听说水晶棺，真有用水晶打造的棺材吗？考古学家考古发现，古代人是非常喜欢用水晶做棺材的。因为水晶棺硬度高，密封严，死者静卧棺内，能够历久而容颜不改。另外，水晶是一种透明的宝石，有利于生者随时瞻仰死者仪容。由于水晶棺的体积很大，而自然界根本没有这么大块的水晶，所以统治者常常不惜一切地收集水晶，将其熔炼，工匠则必须具备高超的技艺才能做出高质量的水晶棺。综合上述条件，我们不难发现水晶棺的珍贵。

古埃及法老和王后是世界上最早使用水晶棺的人。埃及国家博物馆至今仍保存着 11 副水晶棺，11 具木乃伊安静地躺在里面。透过水晶棺，可以清晰地看到木乃伊的皮肤和毛发，谁也无法相信水晶棺里的木乃伊已经死去数千年。

水晶棺

Jewelry

紫水晶刻面吊坠

材质：紫水晶

风格：现代 / 时尚

镶嵌材质：纯银镶嵌

颜色分类：紫色

特征说明：紫水晶代表灵性、精神、高层次的爱意，可作为定情物、信物。紫水晶作为传统意义上的护身符，可驱赶邪运，增强个人运气，并能促进智能，平稳情绪，提高直觉力，帮助思考，集中注意力，增强记忆力，给人勇气与力量。

水晶摆件　丰收

参数

材质：粉水晶

颜色分类：粉色

尺寸：26 厘米 ×23 厘米 ×15 厘米

水晶摆件　一帆风顺

参数

材质：灵透白水晶

颜色分类：白色

尺寸：12 厘米 ×23 厘米 ×5 厘米

水晶的分类

水晶是一个庞大的家族，其品种众多，按照不同的特征进行区分，可以分出不同的种类。例如按颜色分、按光学效应分、按包裹体分、按工业用途分等。

天然水晶根据不同的颜色可分为无色水晶、紫水晶、黄水晶、烟水晶、绿水晶双色水晶、芙蓉石等。

无色水晶

无色水晶为纯净的二氧化硅晶体，有些略带浅灰或浅褐色调。无色水晶一般呈单个柱状晶体或晶簇，晶柱可从几厘米到几米不等。几千克到十几千克的晶体较多，几百千克以上的非常少见。晶体内部含有丰富的包裹体，比较常见的有负晶、气液包裹体、固体包裹体，也常有发育裂隙。透明无瑕、无裂隙的特大晶体是难得一见的。

天然水晶原石

负晶在形状上和无色水晶的晶体是相同的，其内部未填充液体时，为一空穴，与水晶界限分明；被气液填充时，就形成了气液包裹体。

无色水晶中的固体包裹体有针铁矿、金红石、电气石、黄铁矿等，这些矿物包裹体给无色水晶增添了魅力。一般来说，晶体越干净越好，但是，真正干净的天然无色水晶很少，内部多少都含有一些包裹体。如果包裹体不影响水晶本身的透明度，而且非常美观，反而会产生意想不到的效果。

紫水晶

紫水晶在水晶家族中是最为高贵、美丽的一个种类。紫色原本就是一种高贵雅致的颜色，加上水晶本身的美丽，更加显现出惊人之彩。紫水晶的颜色从浅紫色到红紫色，可带有不同程度的褐色、红色、蓝色色调。越靠近晶体的尖端部，颜色越深。

大多数紫水晶的颜色分布不均匀，多见色带，色带平行或以一定角度相交分布。有些紫水晶可以见到色块，呈现不规则的几何图形，少数情况下可以看到颜色不规则的团块状、絮状，越靠近边缘，颜色越浅。形成紫水晶鲜艳紫色的主要原因是其本身所含的铁元素，而经过加热或阳光暴晒会褪色。产自巴西的高质量紫水晶大多呈较深的紫色，非洲等地产的紫水晶带有浓重的蓝色色调，中国出产的紫水晶颜色较浅，与巴西出产的浅紫色水晶相同，为带有微弱的褐色色调的浅紫色，透明度高。

梨形紫晶

蛋形紫晶

天然紫水晶项链

深紫红到紫红色的紫水晶是最有价值的，大多数人认为深紫色华丽而高贵，因此市场上较深颜色的紫水晶价位非常高。有些紫水晶在形成后，因地热等自然因素也可能变成黄水晶。颜色非常浅的紫水晶大多都被人工加热处理成黄水晶，在人类文化中，紫水晶代表着华丽、幽静、高尚、高贵、典雅、庄重和权势。

紫水晶的多色性与颜色的深浅有关，浅色的紫水晶有微弱的多色性，肉眼是难以看到的，深色的紫水晶有红紫—紫色、蓝紫—紫色两种类型的多色性。

在紫水晶中同样含有很多包裹体，有愈合裂隙、气液两相包裹体、矿物包裹体等，有时可见“斑马纹”（紫水晶的一种具有深色和浅色交替条纹的愈合裂隙称为斑马纹）。如果紫水晶中有特别的包裹体以及白色云纹，看起来好像羽毛或条纹，那么便能产生彩虹折射现象。

紫水晶常常被珠宝商制作成戒面或是雕件。质量好的紫水晶大多会加工成刻面，用于镶嵌首饰或收藏，以紫水晶制作的首饰典雅美观，大块的做雕件也显得非常别致。稍差一点的紫水晶磨成素面或打磨成珠，镶嵌或打孔穿串制成项链、手串等。大块的紫水晶被雕刻成工艺品后剩下的下脚料，人们用它制成玲珑的盆景，非常精致。深紫色到紫红色的紫水晶大多出产于乌拉圭及西伯利亚，分别称为乌拉圭紫水晶和西伯利亚紫水晶，此名称原本是指产地，后来所有质量好的紫水晶都被人们称为乌拉圭紫水晶或西伯利亚紫水晶。

黄水晶

黄水晶的颜色有黄色、金黄色、浅黄色、褐黄色、橙黄色，因晶体中铁含量不同所致。黄水晶的颜色很像宝石黄玉（托帕石），所以市场上有很多商人以黄水晶代替黄玉，常常可以以假乱真。黄水晶在水晶品种中是比较贵重的，产自巴西的黄水晶最为著名，颜色深的可以与黄玉宝石相媲美。

黄水晶的多色性有浅黄—黄、黄—橙黄、黄—褐黄等多种。一般黄水晶的透明度很高，内部特征与紫水晶相同。自然界中产出的黄水晶很少，常同紫水晶及水晶晶簇伴生，市场上流行的黄水晶多数是由紫水晶经过加热处理而成。天然的黄水晶非常稀少，价格很昂贵，以橘黄色为极品，俗称“财富之石”。

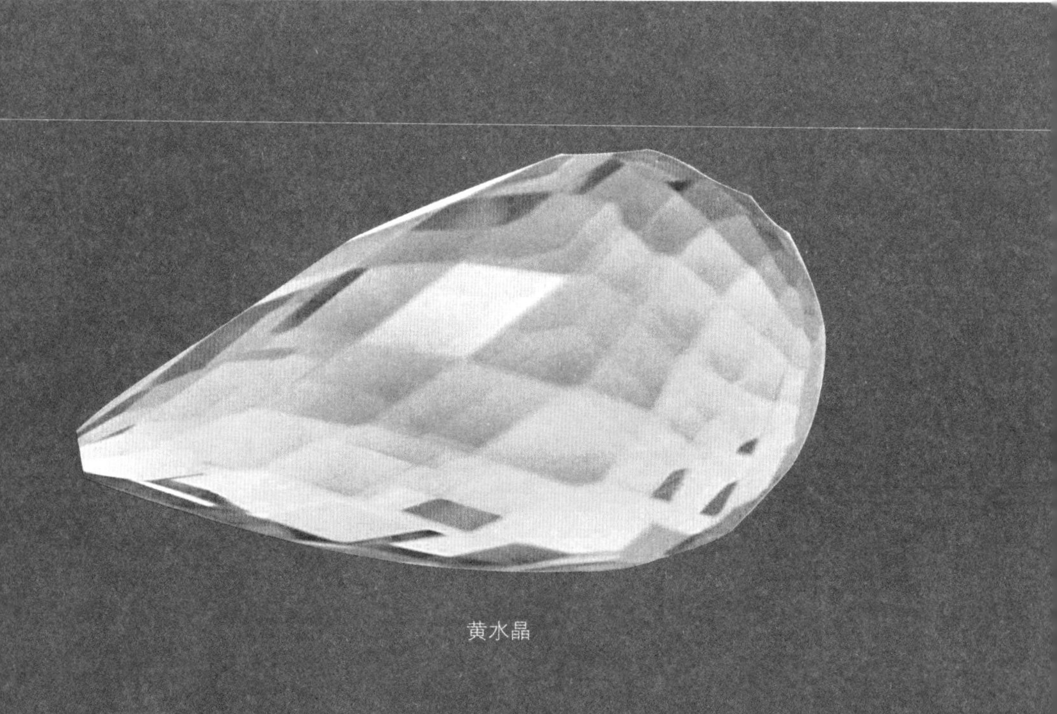

黄水晶

烟水晶

在水晶家族中最具吸引力的要数烟水晶了，这种水晶是制作眼镜的理想材料。烟水晶的颜色有烟黄色、褐色和黑色。在中国，人们常常将烟黄色、褐色的水晶称为茶晶，黑色水晶则称为墨晶。烟水晶以色均、无棉、明净者为佳品。烟水晶的多色性有浅褐色—烟褐色和褐色—棕色。

烟水晶的颜色源于其成分中含有微量的铝，铝代替二氧化硅中的硅，使水晶产生颜色。茶晶、墨晶遇到高热，颜色会减褪，再次加热后可变成无色水晶。实验中，无色水晶通过放射性照射，可以变成烟水晶。市场上的茶色眼镜及饰品很多是辐射变色的制品。烟水晶常常有丰富的气液包裹体和金红石包裹体。

苏格兰是烟水晶的发源地，这里的人们用它来装饰民族服饰，烟水晶成为事实上的“国石”。其实其他国家的烟水晶并不比苏格兰少，有些地区甚至比苏格兰还要多。烟水晶的产地有美国、西班牙、瑞士、斯里兰卡、中国。中国山东的崂山是茶晶、墨晶的著名产地，有“南白北墨”之说，但产量并不大。烟水晶大多用来做雕件、眼镜片、章料和串珠状饰品。

烟水晶裸石　　烟水晶手链

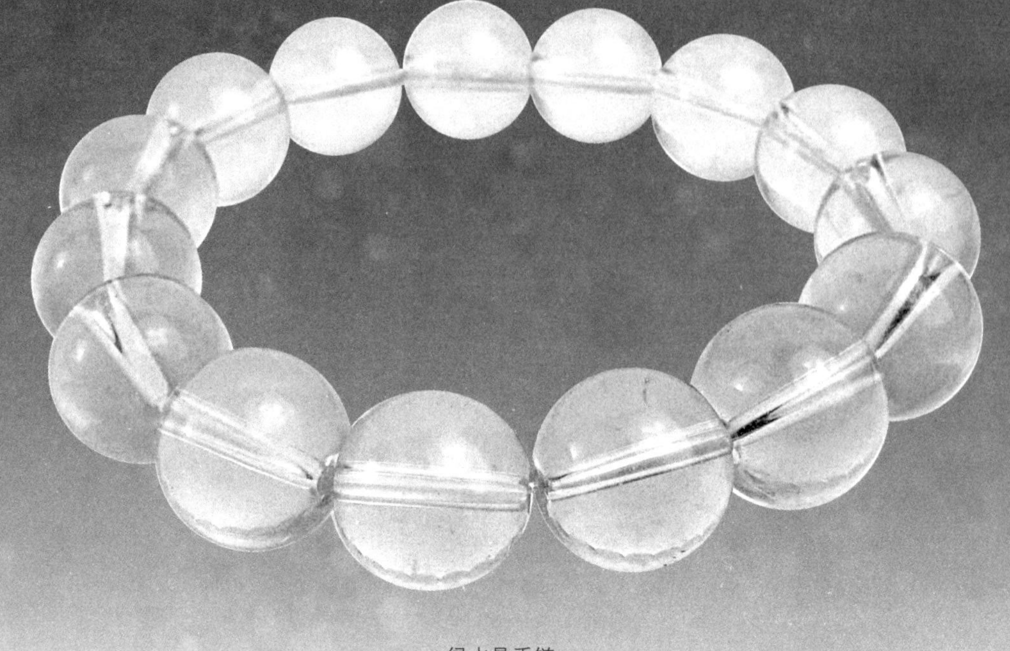

绿水晶手链

绿水晶

在珠宝市场上绿水晶是非常少见的，绿水晶的颜色有绿色、黄绿色，其颜色是因为含有微量元素铁造成的。市面上出现的绿水晶通常是在紫水晶加热成黄水晶的过程中形成的一种中间产物。还有被称为绿发晶、绿幽灵的水晶，这种水晶其实是含有绿色包裹体的无色水晶，不属于绿水晶的范围。

双色水晶

双色水晶既有紫色又有黄色，紫色和黄色共存一体，又被称为紫黄晶。紫色、黄色分别占据晶体的一部分，这两种颜色之间有着明显的界限。紫黄晶是紫水晶经过天然高温（如地热，温泉或火山爆发）加热后形成了黄色色带。双色水晶是非常惹人注目的。

芙蓉石

芙蓉石又被称为“玫瑰水晶”“蔷薇水晶”“祥南玉”，是一种淡红—蔷薇红色的水晶，其颜色是因含有微量的锰和钛而形成。芙蓉石一般为半透明至透明，多呈云雾状，由于颜色较浅，几乎无多色性。芙蓉石大多呈玻璃光泽至油脂光泽，裂隙内常被褐铁矿等杂质填充。有些芙蓉石内含有针状金红石包裹体，平行于包裹体方向磨制成弧面形宝石可显示星光效应，因为这种宝石是半透明的，所以能够透射星光，而其他宝石几乎都是反射的星光。

中国出产芙蓉石的地方有新疆、云南、内蒙古等地。巴西是优质芙蓉石的出产地。芙蓉石主要用于雕琢项链、鸡心坠以及小型摆件等。人们一直视色深的芙蓉石为佳品，桃红色越深越好，近似于白色的淡桃红色芙蓉石价值较低。有星光效应的芙蓉石价值较高。

粉晶球

芙蓉石手链

发晶吊坠

材质：发晶

风格：经典

镶嵌材质：纯银镶嵌

颜色分类：橘红色

尺寸：20 毫米 ×15 毫米 ×10 毫米

钛晶手镯

材质：钛晶

风格：时尚

颜色分类：黄色

尺寸：内径 59 毫米，宽 13.5 毫米，厚 22 毫米

Jewelry

钛晶手镯

材质：钛晶

颜色分类：褐色

规格尺寸：外径 78 毫米，内径 58 毫米，厚度 25 毫米

水晶的分布

水晶的分布极其广泛，下面分别从中国和世界的角度讲一下。

中国水晶

中国水晶资源非常丰富，已探明的中低档水晶矿床有 109 处，除上海、天津、宁夏外，几乎各省区都有水晶产出。江苏省东海县的水晶质量最好，人们将东海县称为“水晶之乡”；海南、新疆、山东、广西、广东、云南等地出产的水晶品质也很好。

紫水晶摆件

东海水晶

中国江苏省北部与山东省东南部出产水晶较多，经专家勘测发现，以江苏省东海县为中心，面积数千平方千米的范围内，有 37 种矿物，总储量约为 30 万吨。这个地区的水晶大多为无色，也有较少的茶色、烟色、紫色等水晶。

片麻岩、变粒岩、少量片岩、透镜状的大理岩混合组成的岩层主要产原生水晶矿脉。有含长石石英脉型、伟晶岩脉型、石英脉型矿床，还有水晶砂矿。原生矿呈短柱状、长柱状，砂矿为半棱角状以及半滚圆状晶砾。晶体比较大，一般粗 5~10 厘米，重 100~400 克；稍微大的水晶粗几十厘米、长 1 米多，重几百千克甚至两三吨。缺陷主要为节瘤，棉絮和气液包裹体多，但水晶储量大、分布广、埋藏浅，民间非常容易开采。

海南水晶

海南省著名的羊角岭水晶矿主要产于同花岗、闪长岩等有关岩带内，产出的水晶非常优质，而且量大。羊角岭天池地处屯昌县城南 4 千米处的羊角岭顶端，海拔 200 多米，是中国最大、最富集的水晶矿床所在地，也是现在世界上超大型的水晶矿床之一。羊角岭

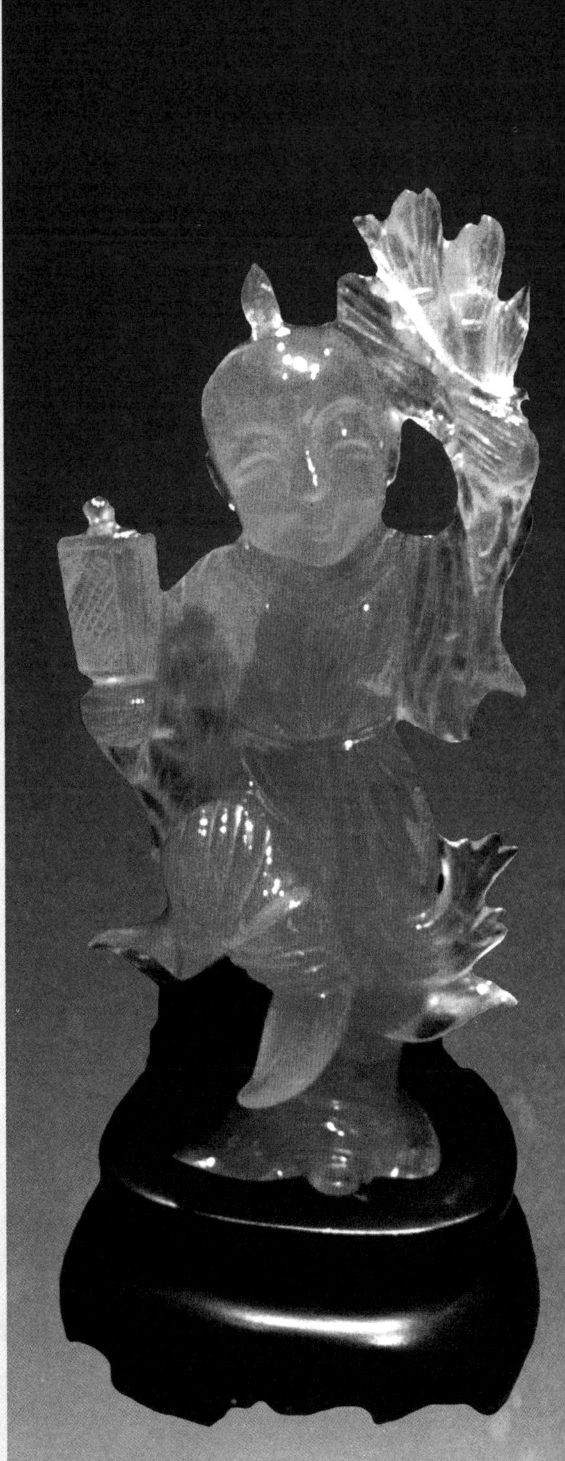

清朝 粉色水晶舞童

清朝中期 水晶羊

水晶矿又被称为 701 矿，是中国最早的天然水晶矿。矿床类型属于矽卡岩石英脉型，主矿体长 240 米，宽 90~130 米，深 150 米。主矿体周围还有十几个金矿小矽卡岩体与大片砂矿分布。羊角岭出产的水晶原矿以透明度高、质地纯净而著名。第二次世界大战期间，日本人对羊角岭水晶矿进行了掠夺性的开采。从 1955 年起，国家对羊角岭水晶矿进行综合勘探，然后正式建矿生产，20 世纪 70 年代中期主要矿体开采完毕。

其他地区水晶

除了江苏、山东和新疆外，河南省平顶山也有丰富的水晶矿，属低温热液石英脉型。这里的水晶品种除了无色水晶外，还有紫色水晶、茶色水晶和少量黄色水晶。

另外，广东省云浮县出产无色水晶、烟水晶; 广西省凌云县出产无色水晶、烟水晶; 福建省政和县出产无色水晶、烟水晶；云南省富宁县出产无色水晶、烟水晶。

国外水晶

世界上有很多国家和地区都出产水晶，主要出产地有巴西、俄罗斯的乌拉尔、马达加斯加、美国的阿肯色州、缅甸等。出产紫水晶的国家主要有巴西、韩国、乌拉圭、赞比亚、马达加斯加、斯里兰卡等。巴西是这些国家中产量最大的，但紫水晶本身的颜色比较浅；赞比亚出产的紫水晶质量最优，但杂质比较多；马达加斯加出产的带有方解石白色云雾的紫水晶最为廉价；乌拉圭出产的紫水晶最贵，颜色呈深蓝紫，是非常罕见的。

巴西是出产水晶的大国，水晶储量非常大，产量、出口量占全世界总量的90%。巴西的水晶资源主要分布在东南部的米纳斯吉拉斯地区。巴西的紫水晶矿山特别多，出产的紫水晶品质也多样化。巴西的紫水晶颗粒大，外形多为山状，大部分都是淡紫色或带有黑色而缺少艳丽感的原矿，产自南部的紫晶比较优质，而且颜色呈深紫，产自北部的紫水晶颜色则比较淡。

世界上的顶级紫晶大多出产于乌拉圭，这里的紫水晶紫色不仅很深，而且给人一种娇艳之感，带着酒红色的火光。乌拉圭出产的紫水晶多为块状，颗粒也比较小，这种水晶适合做成各种紫水晶首饰，放在世界各地的珠宝店出售。近些年乌拉圭的紫水晶矿几乎面临停产，因此这种高质量水晶的价格只升不降。

橘黄色水晶手链

茶晶手链

韩国的紫水晶颜色比较深，主色调有些偏蓝紫色。这种颜色非常娇艳夺目，让人喜爱不已，但是近些年的产量也越来越少。

桑比亚的紫水晶也比较好，颜色很深，有些可呈黑紫色。但是这里出产的紫水晶体积都很小，而且有不少瑕疵，大块完美的非常少见，以每颗几克拉的为多。现在市场上的很多深紫色紫水晶手串和念珠就是用桑比亚水晶原石磨成的。

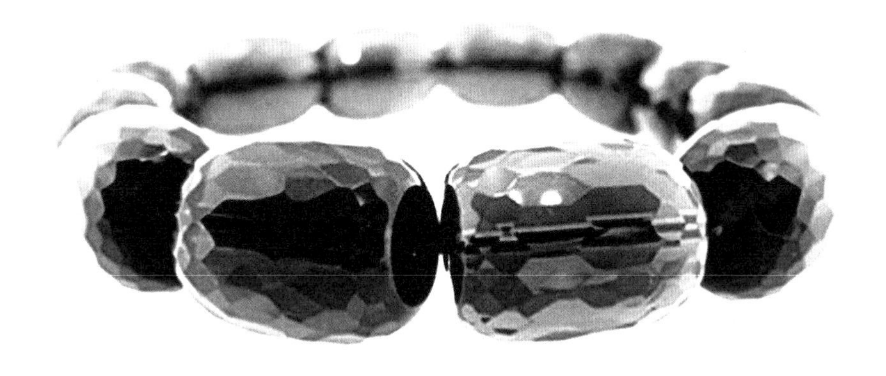

烟水晶古珠手链

Jewelry

水晶摆件

材质：白水晶

风格：时尚

颜色分类：白色

水晶手链

材质：绿幽灵

风格：民族风

颜色分类：绿色

水晶手链

材质：红纹石

风格：经典

颜色分类：红色

水晶的保养

不管是水晶首饰还是雕塑，一般都晶莹光洁、玲珑剔透，让人把玩无厌。如此美丽的水晶我们怎么忍心让它受到一点儿损伤呢？我们要掌握一些水晶保养的知识，这样才能更好地保护自己心爱的水晶。

不要将其他首饰与水晶放置一处，避免它们之间的摩擦所造成的划痕或裂痕。

水晶的表面好像镜子般光亮，受到汗渍或油污的沾染，便会失去光泽。我们一定要注意在运动或是前往有油污的地方前摘掉饰品。若是不小心沾染了油污或汗渍，

烟水晶原石

可以用性质温和的肥皂水以及软毛刷来洗涤，这是最简单的清洁方法，也可用清水冲洗。清洗后的首饰，放在不含棉绒的毛巾上风干。如果是一些大型的雕塑，可以将其放在一个安全的地方，用不含绒毛的布料除去沾染的尘埃，然后再用清水直接冲洗，放在阴凉的地方自然晾干。

注意防碰撞、防摔打

水晶的硬度高，脆性也大，不可以用力撞击，避免水晶碎裂。在搬运大型水晶摆件或器皿时，应抓紧水晶的底座或整个摆件，不可只抓顶部或是边缘部位。

注意防腐蚀

水晶的性质很稳定，但裂隙或其他伴生矿物的性质则会发生改变，所以应避免水晶与强酸、强碱及其他化学腐蚀性物品的接触，否则这些化学物质就会沿着裂纹腐蚀水晶。

注意防高温

不可将水晶饰品浸泡于高温的水中，水晶遇到高温容易产生大的裂纹或是褪色，造成不必要的损伤。水晶饰品应避免高温加热与放射性辐射，以保持最为新鲜的颜色和光泽度。水晶饰品还应该避免在阳光下暴晒或强光直射，以免褪色。放在陈列柜中的水晶，不可以以强光长时间直照，不然有水胆的水晶可能会因此而失去水分，有颜色的水晶也会褪色。

黄水晶摆件 鱼跃龙门

Jewelry

水晶手链

参数

材质：钛晶 / 发晶

风格：波西米亚

颜色分类：黄色

水晶吊坠

材质：发晶

风格：民族风

颜色分类：黄色

水晶吊坠

材质：发晶

风格：民族风

颜色分类：黄色

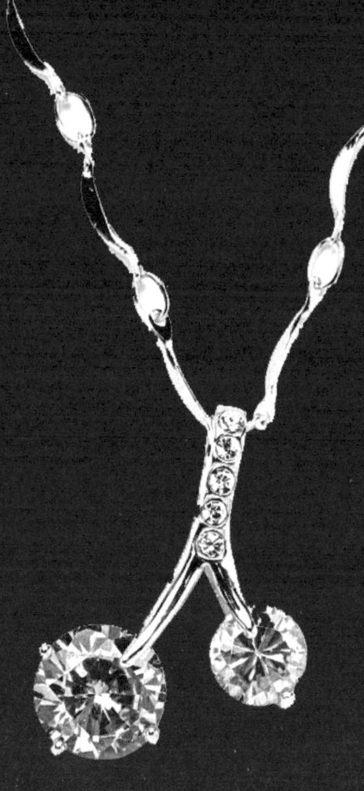

水晶项链

水晶的鉴别

天然水晶的透明度非常好，给人一种清澈的感觉，大多含有云雾状、星点状或絮状气液包裹体，并往往有微裂纹。另外，天然水晶还有偏光性，可见双影现象，例如球体状水晶，从上往下看会出现双影现象。人造水晶或是玻璃类的仿冒品，晶体内的纯净度是相同的，而且没有任何裂纹，内部大多会有小气泡。水晶的球体形的仿冒品，从上往下看是看不到下面线条的双影的。天然水晶的密度要小于合成水晶，同样颗粒大小的天然水晶要比合成水晶轻。将天然水晶握在手中会有冰凉之感，而仿冒品则是有温感。

鉴别水晶，一般从下面几个方面入手。

绿幽灵水晶

观察包裹体

晶体内的矿物包裹体是决定性依据。自然界产出的水晶，由于环境的原因，所形成的晶体内多含有棉絮状物、裂隙或其他矿物包裹体。所谓的矿物包裹体，是指具有一定形状的小物体。一般情况下，我们观察水晶包裹体，需要用 10 倍放大镜来看是否具有天然的矿物包裹体或负晶，在水晶中比较常见的包裹体呈棉絮状或针状，只要发现有这些东西，初步可以确认是天然水晶。合成水晶、玻璃都是非常纯净的，根本看不到包裹体。

看颜色

市场上出售的天然水晶颜色大多分布不均匀，常伴有色带。而合成水晶是在相对稳定的条件下形成的，颜色均匀、亮丽。天然无色水晶的颜色带有烟青色调，给人非常柔和的感觉，合成的无色水晶发白且干，毫无生气。

凉感

将天然水晶放在脸颊上，会有冰凉的感觉，合成水晶或是仿制品比较温和一些。

晶体形态

水晶原石为六棱柱状，柱面上有多边形蚀象和横纹，而仿制品或合成水晶不具备这样的特点。

硬度

如果是水晶原石，则可用硬物刻划。以钢锉来刻划水晶，然后观察水晶上面是否留下划痕，没有划痕则说明该水晶的摩氏硬度最小为 7；若是留下划痕则说明此水晶为仿制品。这一方法对于已经加工成型的水晶饰品或摆件是不可用的。

画线法

在桌上铺一张白纸，用笔画一条线，然后将水晶放在上面观察，如果变成双线，说明它是非均质体的水晶而不是玻璃。这是水晶的双折射现象造成的，均质体的玻璃没有双折射现象，因此就不可能出现双影现象。如果是圆球水晶，那么一定要通过转

水晶双铺首炉

动球体来观察，因为在垂直光轴方向上是没有双折射现象的，只有转动到其他方向才可看到双影。

偏光镜

将你要测定的水晶放在偏光镜的载玻片上，转动 360 度，若是出现四次明亮、四次黑暗现象，那么此水晶定是天然水晶。

密度

水晶的密度为 2.65 克 / 立方厘米，用静水力学原理测宝石的密度，看是否为 2.65 克 / 立方厘米。

折射率

以折射仪来测量水晶的折射率，水晶的折射率为 1.544~1.553，通过测量结果判断真伪。

水晶石佛像

水晶马

多色性

对于有色水晶，可以通过是否具有二色性来初步鉴别，有二色性的可能为天然水晶，但还要看其他的数据。

红外吸收光谱

对于非常干净、生长痕迹十分不明显的水晶饰品，通过常规仪器鉴定会有很大困难，然而使用红外光谱仪，这一困难便能得到很好的解决。例如，天然无色水晶以 3595 厘米 $^{-1}$ 和 3484 厘米 $^{-1}$ 为吸收特征，而合成水晶则缺乏 3595 厘米 $^{-1}$ 和 3484 厘米 $^{-1}$，并以 3585 厘米 $^{-1}$ 和 5200 厘米 $^{-1}$ 吸收为明显特征。

并非每一颗水晶都要用上述方法来鉴定，可根据水晶的具体情况鉴定几项便能得出数据。每一颗水晶都有相对限制的条件，不可能逐一测试，例如已经被镶嵌的水晶，根本无法检测其密度，这时就应该选用其他方法。鉴定水晶是一个综合判断的过程，只要有 3 个以上的数据和水晶的特征相符便能证明是天然水晶。比如，白色的晶体，柱面上有横条纹，内部有絮状物，测定的相对密度是 2.64 克 / 立方厘米，在偏光镜下观察发现了四明四暗现象，这便能充分说明它是天然水晶。

水晶挂件

参数

材质：水晶

风格：时尚、经典

颜色分类：玫瑰红色

第五章

玉石之冠——翡翠

白金镶嵌满绿马眼形翡翠戒指

翡翠文化

“翡翠”一名，来源有几种说法。有人认为是来自鸟名，这种鸟羽毛非常鲜艳，雄性的羽毛呈红色，名翡鸟（又叫赤羽鸟）；雌性羽毛呈绿色，名翠鸟（又叫绿羽鸟），合称翡翠。在珠宝市场上业内人士有翡为公，翠为母的说法。在中国古代，翡翠鸟是一种生活在南方的鸟，其毛色十分好看，通常有蓝、绿、红、棕等颜色。唐代诗人陈子昂在《感遇》一诗中写道：“翡翠巢南海，雄雌珠树林。何知美人意，骄爱比黄金。杀身炎洲里，委羽玉堂阴。旖旎光首饰，葳蕤烂锦衾。岂不在遐远，虞罗忽见寻。多材信为累，叹息此珍禽。”明朝时，缅甸玉传入中国后，人们称之为“翡翠”。另一说古代“翠”专指新疆和田出产的绿玉，翡翠传入中国，为了与和田绿玉区分，称其为“非翠”，后逐渐演变为“翡翠”。关于翡翠名字的由来还有一个说法：据说

冰种紫罗兰手镯

清朝时期，翡翠鸟的羽毛作为饰品进入了皇宫，绿色的翠羽深受妃子们的喜爱。她们将这种羽毛插在头上作为发饰，有时还将羽毛贴镶拼嵌作首饰，故其制成的首饰名称都带有“翠”字，如钿翠、珠翠等。这时候缅甸进贡了大量玉石，妃子们爱不释手，由于其颜色多为绿色、红色，和翡翠鸟的羽毛颜色很相似，因此妃子们将来自缅甸的玉称为翡翠，渐渐地这一名称在中国民间流传开了。

据《缅甸史》记载，翡翠矿产发现于 1215 年，勐拱人珊尤帕受封为土司。他在渡勐拱河时，无意中发现河畔有一块形状像鼓的玉石，他认为是个好兆头，于是决定在附近修筑城池，并起名为勐拱，意指鼓城。这块玉石作为珍宝传给历代土司，后来人们就在这个地方开采翡翠。民间流传着这样一个传说，太阳神将三个蛋送给女儿，女儿就以这三个蛋为嫁妆，嫁到勐拱一带，这里从此就有了翡翠、宝石、黄金。

还有一则关于翡翠的传说是这样的：翡翠娘娘被贬到缅北的山区，她看到那里的居民非常贫穷、饥饿，瘟疫使老百姓生活在水深火热当中；翡翠娘娘非常心痛，她决心尽自己的所能解救受苦受难的老百姓，她亲自上山采药煎药为生病的百姓免费医病，还赐予缅甸人民幸福和财富，同时将中国当时的农耕技术传授给了当地百姓，受到缅甸人民的敬仰和爱戴。

翡翠娘娘沿着缅甸人民的母亲河——伊落瓦底江上游，跋山涉水，踏遍了缅北高原的山山水水，拯救了各地人民，最终翡翠娘娘病倒在索比亚丹（肥皂山），心力交瘁的翡翠娘娘带着未完的心愿与世长辞。受过她恩赐的人们找到她的遗体后，不约而同地聚在索比亚丹为翡翠娘娘举行非常隆重的火葬。人们都希望翡翠娘娘的灵魂升天，但她的灵魂却未随熊熊火焰升天。为了完成生前未了的心愿——造福百姓，她神圣的灵魂融入了地幔，最后变成了晶莹剔透的翡翠。

中国云南也有关于翡翠的传说。据英国人伯琅氏所著的书称，翡翠其实就是云南的一名马夫发现的。据说云南商贩沿着已有 2000 余年历史的西南丝绸之路前往缅甸、天竺等国与当地的商人进行交易。一次，这位马夫为了平衡马驮两边的重量，在返回云南腾冲（或保山）途中，经过缅甸勐拱地区时随手拾起路边的一块石头放在马驮上。回到家他发现途中捡到的石头是翠绿色的，非常好看，似乎可作玉石，经初步打磨，果然碧绿可人。后来，这位马夫多次到那个地方捡这样的石头，然后拿到腾冲加工。此事广为传播，吸引了更多的云南人去找这种石头，然后加工成成品出售，这种石头就是后来的翡翠。

七星如意吊坠

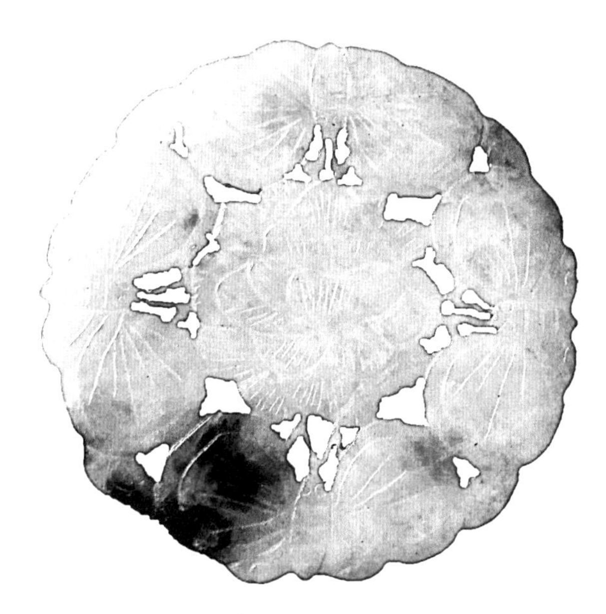

白地青种翡翠花蝶佩

Jewelry

A 货翡翠手镯藏品玉镯

材质：A 货翡翠

尺寸：内径 59.2 毫米，条宽 14.2 毫米，条厚 6.8 毫米

特征说明：此款手镯玉质细腻、幽润兰香、水润亮泽、高雅大方、韵味悠远。

玻璃种翡翠项链

材质：A 货翡翠

尺寸：最大：长 20 毫米，宽 14 毫米，厚 9 毫米；最小：长 15 毫米，宽 11 毫米，厚 7 毫米

特征说明：18k 铂金镶嵌翡翠，玻璃种帝王绿，通透无瑕，荧光毕现，配钻石花叶，精美非凡，堪称极品。

翡翠阳绿老坑玻璃种帝王绿翡翠项链

材质：A 货翡翠

尺寸：最大：长 14 毫米，宽 12 毫米，厚 9 毫米；中：长 13 毫米，宽 10 毫米，厚 8 毫米；最小：长 10 毫米，宽 8 毫米，厚 7 毫米

特征说明：玻璃种帝王绿、水头极好，质地润泽自然，色泽阳翠娇艳，绿水莹润，在高档翡翠套装中极为罕见，佩戴经典高贵、品位超群。

翡翠的分布

世界上只有6个国家出产翡翠，而且有些产地的翡翠质量不好，不能用来制作首饰。缅甸是产量最大、品质最好的翡翠产地。另外，亚洲的日本、欧洲的俄罗斯哈萨克、中美洲的危地马拉以及北美洲的美国加利福尼亚州等，曾先后发现过翡翠矿床，但是数量和质量都无法与缅甸翡翠相比，多数只能作为雕刻原料。

珠宝市场上的优质翡翠大多来自缅甸雾露河（江）流域第四纪和第三纪砾岩层次生翡翠矿床中。它们主要分布在缅甸北部山地，南北长约240千米，东西宽170千米。1871年，缅甸雾露（又作乌尤，乌龙、乌鲁）河流域发现了翡翠原生矿，其中最著名的矿床有4个，分别是度冒、缅冒、潘冒和南奈冒。原生矿翡翠岩主要是由白色和分散有各种绿色色调及褐黄、浅紫色的硬玉岩组成，除硬玉矿物外还有透辉石、角闪石、霓石及钠长石等矿物，达到宝石级的绿色翡翠很少。

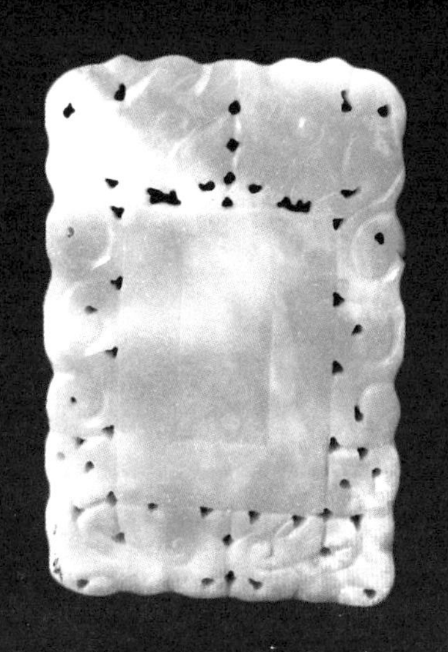

白地青种翡翠平安佩

白地青种翡翠手镯

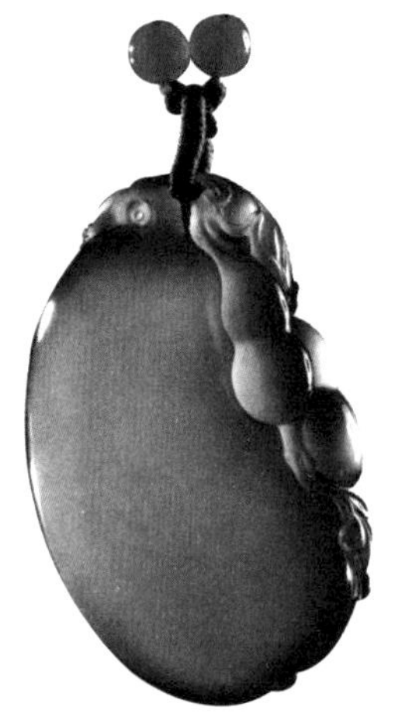

代代有福

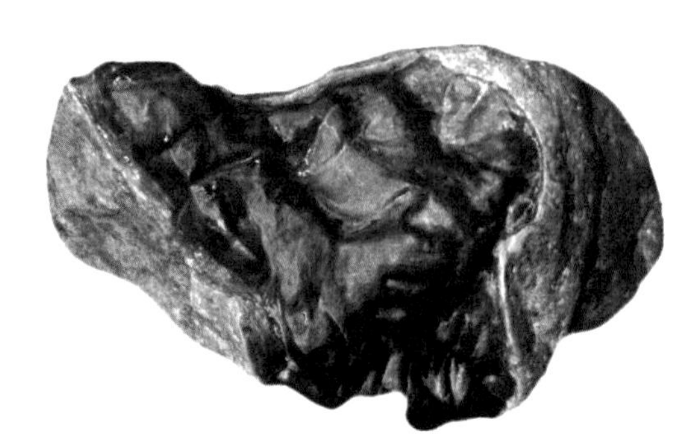
半赌料

在玉石行业中，出产翡翠的地方称为场区、场（厂）口，实际上就是矿体（玉、石砾）被挖出时矿坑所在的地方，它们大多是用缅甸当地的地方译名来命名的。现在开采的场区主要有以下几个：

1. 老场区是指地处乌龙江中游的次生矿床，约从 18 世纪开始开采，比较大的场（厂）口有 27 个。老场区中比较著名的场（厂）口有帕敢、苇卡、茨通卡和马猛湾等。帕敢场（厂）口地处乌龙河西岸，是一个长条形的村镇，这里还有很多小场（厂）口，是历史上开采翡翠的名坑，开采最早。翡翠砾石的特点是砾石大小不一，大的有几百千克，小的只有鸟蛋大小。砾石磨圆较好，外壳呈黄盐砂、白盐砂状。其内矿物颗粒结晶较均匀、结构细腻、翡翠种好、地子细，如外壳有松花表现，内部一般绿色足。老帕敢的黑乌砂，其皮壳乌黑似炭。一般种好、色好、绿随黑走，有枯便有色。目前已经采完。帕敢场（厂）口的石头、皮壳与玉之间常有“雾状”过渡带，被称为内皮，行业内称为“雾”或“湖”。这是缅甸产玉的主要场（厂）口，目前市场上以中低档料为主。

2. 会卡（苇卡）场口为翡翠次生矿。其特点是皮壳薄、色杂，呈黄、灰、黑、淡绿等色。皮壳具双层结构，外层呈淡红色的膜皮，内层水翻砂，玉石水头不一。一般种好、硬度高，但绿色不那么鲜艳，个体大小悬殊，大者可达几千千克，小的只有几百克。一般磨圆较好。

3. 四（茨）通卡场口的翡翠，皮壳比较粗，呈红、黄白盐砂皮，一般皮下有黄色、白色的雾，其内色多呈绿色，大小变化在几百千克至几百克之间。

4. 马（麻）猛湾地处乌龙河岸边，皮壳主要有黄乌砂和黑乌砂两种。壳下常有黄、红、黑、白色的雾。皮壳结晶粗细不一，一般皮壳细腻均匀的地子细，皮壳粗的则地子粗，其色多偏蓝，蓝中夹白，偶尔也有浓绿色高价值品种。

5. 大马（木）坎场区又被称为刀磨坎、打木屑。这个场区地处于乌龙（鲁）江下游，毗邻老场区，距帕敢大约 30 千米。开采时间比老场区要晚，大的场（厂）口有 11 个。现在已经挖到第三层，主要为坡积及山下河床水石。出产的主要有黄砂皮和黄红砂皮两种翡翠砾石。据说不同场口之间的翡翠皮壳表现相差颇大，其中大马（木）坎场口的翡翠和莫格跌（底）皮壳较厚，呈灰色，且皮肉相杂。皮壳下必有雾，雾色呈红、黄、黑、白多种，其中呈红、黑雾的玉石地子灰，黄、白雾的石头地子好。一般是“十雾九有水”，凡是皮壳与黄色（玉）相杂难分的，其玉色偏蓝。这个厂口的水石较多，个头一般不大，多在 1~3 千克之间，但抛光起“钢色”，因而是好玉产地。

6. 小场区处于恩多湖南面，毗邻铁路线，有 8 个比较大的场口。目前矿区已经开采到第三层，第一层多黄砂皮，第二层为黄红砂皮，第三层为黑砂皮。翡翠砾石多带蜡壳，其中比较著名的场口如南奇（琪）石，其特点是皮薄，大小为 0.3~0.5 厘米。常见分层，外层为黄砂皮，第二层为半山半水，第三层为水翻砂。南奇石的绿色大多偏蓝、灰，色暗，且多裂烂，色、种、水均好的较少。

7. 后江场区又被称为坎底厂。此场区因地处康底江——即后江而得名，开采时间比较晚，属老厂玉，有约 10 个场（厂）口，分布在长约 3000 米、宽 150 米左右的狭窄区域内。其特点一般是单件砾石的件头小，透明度好，结构致密细腻，原石绿，

冰种阳绿翡翠笑佛吊坠

所谓“十个后江翡翠九个有水”。皮薄且蜡壳不完整的地子好，外皮淡阳绿的色正，色浓夹春的则色偏，颜色过深加工后则反黑。后江石的缺点是裂较多。

8. 雷打场区因出产雷打石而得名，所谓雷打石即是加工后出现许多裂绺，像被雷打过一样、色绿地干的翡翠。产地处于后江场的上游，该场区主要有那莫（即雷打之意）和勐兰邦。翡翠矿砾的特点是种干裂多，较软。

9. 新场区处于乌龙江上游的两条支流之间。翡翠矿砾分布在表土层下，开采方便，有 9 个主要的场口，翡翠料多为大件的白地青色中低档料。

哈萨克斯坦的翡翠矿处于伊特穆隆德至秋尔库拉姆一带，这里的翡翠资源比较有经济价值和开采前景，但质量档次最多属于中档，还没有在这里发现优质翡翠。俄罗斯发现两个翡翠矿床，其中以西萨彦岭的卡什卡拉克翡翠矿床所产翡翠较好，但与缅甸同档次的优质翡翠极少出产。日本的翡翠矿床主要是原生矿床，所以往往没有风化外壳；日本的翡翠发现较早，不过大部分为粗晶翡翠，颜色单调，主要为浅绿色、灰绿色，至于绿色质量好的只有零星分布。

墨翠关公挂件

冰种白翡翠吊坠

Jewelry

冰种翡翠手镯

材质：A 货翡翠

尺寸：内径 56.5 毫米，条宽 17 毫米，条厚 8 毫米

特征说明：纯净清雅冰种质地，晶莹剔透，水润灵动。

缅甸冰种荧光翡翠圆手镯

参数

材质：A 货翡翠

尺寸：内径 57.8 毫米，外径 73.8 毫米，条宽 17.5 毫米，条厚 8 毫米

特征说明：种水较好，微微晃动时有一种轻柔的、朦胧的白光，清凉似水给人以冰清玉洁的感觉。

翡翠的分类

在珠宝市场比较常见的翡翠品种有十几个，例如老坑种翡翠、冰种翡翠、水种翡翠、紫罗兰翡翠等。

老坑种翡翠

老坑种翡翠在珠宝市场上又被称为“老坑玻璃种”，大多具有玻璃光泽，这种翡翠的质地细腻纯净无瑕，颜色为纯正、明亮、浓郁、均匀的翠绿色；此种翡翠的硬玉晶粒很细，因此，凭肉眼极难见到“翠性”；将这种翡翠放在光下照射呈半透明至透明状，是翡翠中的上品或极品。

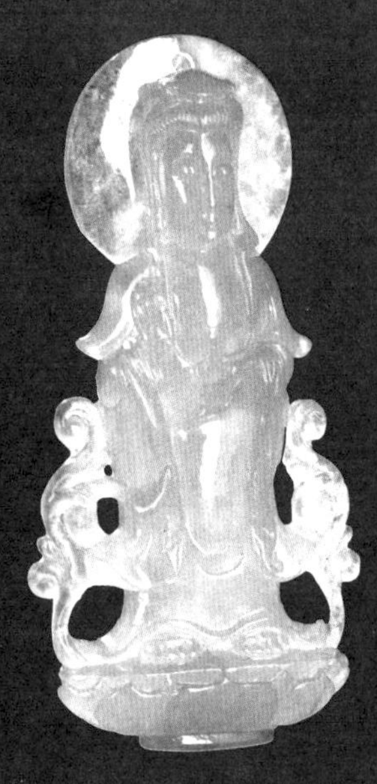
冰种翡翠观音

冰种翡翠

冰种翡翠的质地与老坑种翡翠有相似之处，无色或少色，冰种的特征为外层表面上光泽很好，半透明至透明，清亮似冰，给人以冰清玉洁的感觉。如果在冰种翡翠中发现絮花状或断断续续的脉带状的蓝颜色，则称这样的翡翠为“蓝花冰”，为冰种翡翠中比较常见的品种。冰种玉料多数用来制作手镯或挂件。无色冰种翡翠和“蓝花冰”翡翠在价值上没有明显差距，其实际价格主要取决于人们的喜好。冰种翡翠是中上档或中档层次翡翠。

水种翡翠

水种翡翠玉质结构稍微比老坑玻璃种粗，光泽、透明度稍微低于老坑玻璃种，而与冰种相当。翡翠的透明度越高水头越好，翡翠的种是指内部结构，内部结构越细密种就越老，相反内部结构越粗糙种就越嫩，通透如水但光泽柔和，仔细观察其内部结构，可见少许“波纹”，或有少量暗裂和石纹，偶尔还可以看到极少的杂质、棉柳。有些行家认为水种翡翠是色淡或无色、质量稍差的老坑种翡翠。水种翡翠为翡翠中中上档、偶见上档的一个品种。

紫罗兰翡翠

这种紫色翡翠的颜色非常像紫罗兰的花，珠宝界又将紫罗兰色称为“椿”或“春色”。具有“春色”的翡翠有高、中、低三个档次，紫罗兰翡翠在市面上的价值很高，但并不是只要是紫罗兰翡翠就一定值钱，还需结合质地、透明度、工艺制作水平等质量指标进行综合评价。

紫罗兰翡翠的紫色大多不深，翡翠界的行家们根据紫色色调的深浅不同，将翡翠中的紫色划分为粉紫、茄紫和蓝紫。粉紫大多质地较细，透明度很好；茄紫次之；蓝紫再次之。

紫罗兰翡翠手镯

白底青翡翠吊坠

白底青翡翠手镯

白底青翡翠

白底青翡翠的特点为底白如雪，白绿分明，显得非常鲜艳。这一品种的翡翠非常容易识别：绿色在白底上呈斑状分布，透明度比较差，大多不透明或微透明；玉件具纤维和细粒镶嵌结构，但主要为细粒结构；在显微镜下放大 30~40 倍观察，其表面常见孔眼或凹凸不平的结构。

这一品种大多为中档翡翠，少数绿白分明，绿色艳丽且色形好，色、底非常协调的，可为中高档品级。

花青翡翠

花青翡翠的翠绿色呈脉状分布，非常不规则，有些比较密集，有些比较疏落，色有深也有浅，质地有粗有细，半透明。这种翡翠的底色为浅绿色或其他颜色。花青翡翠中还有一种结构呈粒状，水感不足，因为这种翡翠的结构比较粗糙，所以透明度大多很差。花青翡翠属于中档或中低档品级的翡翠。

红翡翠

红翡翠的颜色为鲜红或橙红，这种翡翠在市场中比较容易见到。红翡翠的颜色是硬玉晶体生成后才形成的，为赤铁矿浸染所致。其特点为亮红色或深红色，品级高的红翡翠色佳，具有玻璃光泽，为半透明状。红翡翠饰品大多为中档或中低档商品，色泽明丽、质地细腻、非常漂亮的红翡翠可进入高档行列，深受人们的喜爱，是具有吉庆色彩的翡翠。

黄棕翡翠

黄棕翡翠的颜色从黄到棕黄或褐黄，透明程度比较低。这种颜色的翡翠饰品在市场中非常容易看到。它们的颜色也是硬玉晶体生成后才形成的，往往分布于红色层之上，是由褐铁矿浸染所致。在珠宝市场上红翡翠的价格要高于黄翡翠，黄翡翠的价格要高于棕黄翡翠，褐黄翡翠的价格则更低。

红翡翠手镯

黄棕翡翠挂件

冰糯种翡翠同心锁

冰糯种翡翠

冰糯种翡翠往往是指透明度好、水头好的糯化种达到冰种水平的翡翠品种，为了与普通的糯化种区别，这样的翡翠也叫冰种化底。

芙蓉种翡翠

芙蓉种翡翠大多为淡绿色，不含黄色调，绿得较为清澈、纯正，有些底子略带粉红色。

马牙种翡翠

马牙种翡翠质地比较细，但不透明，表面的光泽如同瓷器。

藕粉种翡翠

藕粉种翡翠质地细腻，颜色呈浅粉紫红色（浅春色），是不错的工艺品原料。

广片种翡翠

广片种翡翠的特点是在自然光下绿得发暗或发黑，质地较粗，水头较干。

翠丝种翡翠

翠丝种翡翠的质地和颜色都非常好，在珠宝

翠丝种翡翠观音

市场中属于高档翡翠。

金丝种翡翠

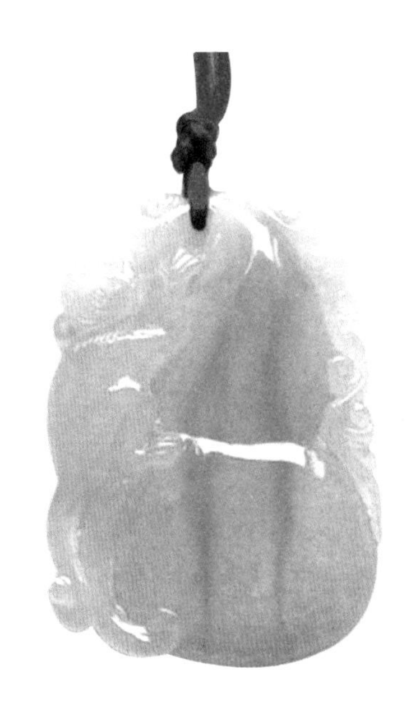

金丝种翡翠挂件

金丝种翡翠的浅底之中含有黄色、橙黄色的色形，色形呈条状，丝状平行排列且定向结构发育明显，除颜色与翠丝种翡翠不同，其他特征与翠丝种翡翠相同。在珠宝市场大多金丝种翡翠的价格要比翠丝种翡翠低。

油青种翡翠

油青种翡翠又被称为油浸翡翠，其通透度和光泽看起来有油亮感，在珠宝市场中随处可见，属于中低档翡翠，通常用这种翡翠制作挂件、手镯，也有做戒面的。油青种翡翠的绿色明显不纯，含有灰色、蓝色的成分，因此显得不够鲜艳。

油青种翡翠手镯

巴山玉

巴山玉原石为一种晶料粗大、结构疏松，水干、底差的“砖头料”，但这种翡翠的颜色比较丰富，有淡紫、浅绿、绿或蓝灰等颜色，是一种品级比较低，含有闪石、钠长石等矿物的特殊翡翠。

干白种翡翠

干白种翡翠质地粗、透明度不佳，颜色呈白色或浅灰白色。翡翠行家对这种翡翠的评价是种粗、水干、不润。凭借肉眼可以看到晶粒间的界限，外表结构粗糙，使用以及观赏价值低，是一个低档翡翠品种。

干青种翡翠

钠铬辉石又被称为陨铬辉石，这种物质在地球上是无法形成的，只在陨石里发现过。

香港行家将钠铬辉石称为干青种翡翠，它与一般的翡翠不同，化学成分为

干青种翡翠

$NaCrSi_2O_6$，硬度为 5，折射率 1.75，密度为 3.5 克 / 立方厘米，含铬较高因此颜色比较鲜艳，但它的透明度很差，颗粒比较粗，所以行家称它为干青种。

颜色浓绿悦目，色纯正不邪，硬玉结晶呈微细柱状、纤维状（变晶）集合体，其晶粒通过肉眼可以看到，透明度差，阳光照射不进，灯光约进表面 1 毫米，质地粗粒感底干，敲击玉体音呈石声，属于中低档翡翠。

墨翠观音

墨翠

最初看到这种翡翠时，因其黑得发亮，很容易使人们误认为是独山玉中的墨玉或其他的黑色宝玉石。将这种翡翠放在透射光下观察，则呈半透明状，而且黑中透绿，特别是薄片状的墨翠，在透射光下颜色喜人。缅甸人常用情人的影子来形容黑色的硬玉，中国将其称之为“墨翠”。

墨翠龙腾四海

翡翠项链

材质：A 货翡翠

尺寸：大：长 13 毫米，宽 10 毫米，厚 8 毫米；小：长 10 毫米，宽 8 毫米，厚 7 毫米

特征说明：共有 12 粒，可雕琢成吊坠、胸针扣、耳钉、戒指等，也可凭个人喜好雕琢。

Jewelry

冰种飘花老坑满绿翡翠珠链

材质：A 货翡翠

颗数：69 颗

特征说明：玉珠颗颗饱满青翠，冰底飘花，水头充足，整条珠链共 69 颗玉珠，排列紧密，大小匀称，是珠链中不可多得的上乘之作。全部玉珠都来自同一块原石，由大到小排列，尤其是中间部分的几颗大珠，色正形圆，使人的注意力一下子被吸引，并且念念不忘。

冰种翡翠方鼎摆件

翡翠的保养

将美丽的翡翠首饰戴在身上，可增加个人魅力，如此让人心爱的宝石需要我们精心养护。佩戴翡翠首饰时，应该尽量避免其从高处坠落或撞击硬物，否则很容易破裂损伤。

翡翠在人类文化中象征着高雅、圣洁，如果长期接触油污，油污就很容易沾染在翡翠的表面，非常影响翡翠的光彩。有时污浊的油垢沿翡翠首饰的裂纹充填，很不雅观。因此在佩戴翡翠首饰时，需要经常以中性洗涤剂和软布清洗，抹干后再用绸布擦亮。

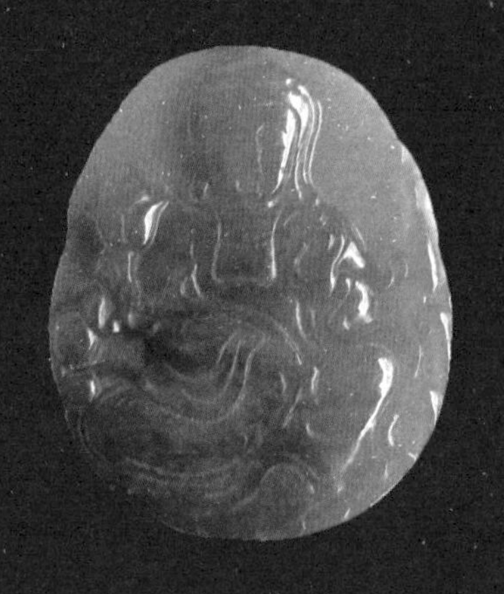
冰种翡翠观音挂件

雕琢之后的翡翠首饰，工匠常常会上一层川蜡以增加其美艳程度，所以翡翠首饰不能与酸、碱和有机溶剂接触。即便是没有上蜡的翡翠首饰，因为它们是多矿物的集合体，也不能与酸、碱长期接触。因为这些化学试剂都会对翡翠首饰产生腐蚀作用。另外，不可将翡翠首饰长期放在箱子中，时间久了翡翠首饰也会“失水”。

冰种翡翠手镯

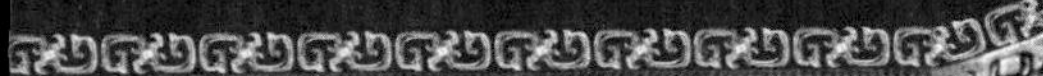

Jewelry

套装裸石蛋面戒指

材质：A 货翡翠

尺寸：戒面长 16 毫米，宽 12 毫米，厚 11 毫米

特征说明：玻璃种帝王绿，水头极好，质地润泽自然，色泽阳翠娇艳，绿水莹润，在高档翡翠戒面中极为罕见。

翡翠手镯

材质：A 货翡翠

尺寸：内径 59.57 毫米，条宽 20.65 毫米，条厚 9.18 毫米

特征说明：此手镯圆润饱满，条厚庄重，象征事业和生活都圆圆满满。

Jewelry

蒲甘翡翠戒指

材质：A 货翡翠

尺寸：戒面长 14.7 毫米，宽 12.8 毫米，厚 6.46 毫米

特征说明：此件产品为极品翡翠裸石戒面，质地润泽自然，色泽阳翠娇艳，绿水莹润，在高档翡翠戒面中极为罕见。

翡翠的鉴别

翡翠的鉴定包括两个方面：原料的鉴定和成品的鉴定。和其他宝石相比，翡翠的鉴定比较困难。

有人说，真正的天然翡翠用陶氏滤色镜去照不会改变原有颜色，若是转变为红色，那么这块翡翠便是人为染色的。虽然这种说法有一定的可信度，但是不能作为鉴别天然翡翠的标准。

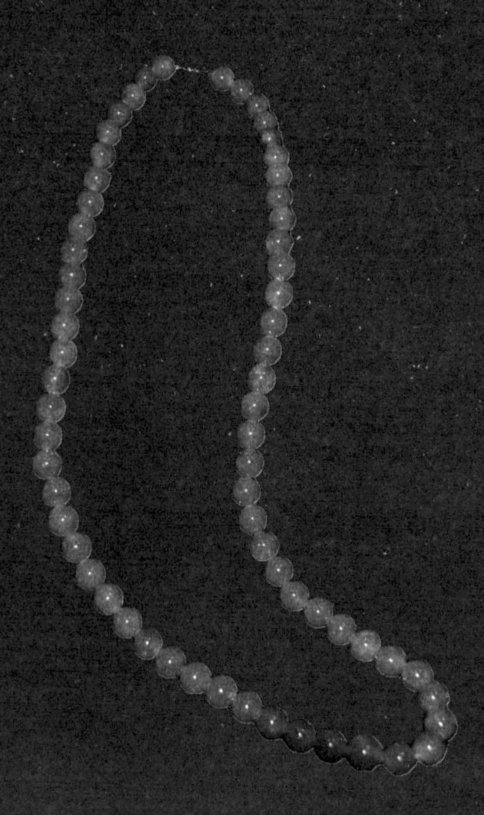
冰种翡翠项链

陶氏滤色镜是一种滤色胶片，这种胶片只允许红光以及橙色光透过。人为染色的翡翠所用的染料一般含有铬盐，这种铬盐浓度很高的时候才会在陶氏滤色镜下呈现出红色。如果染色不深，铬盐的浓度也就不高，从陶氏滤色镜下看呈现出微红色，根本不易察觉。另外，有一些天然绿色翡翠也含有少量的发出红光的物质，所以在用陶氏滤色镜观察时，一定要小心分析。

市场上的天然翡翠有绿色、白色、紫色，这是因为翡翠的晶粒本身呈现出绿色、白色和紫色。在我们观察天然翡翠的颜色时，其颜色与晶体是无法分出界限的。人为染色的翡翠，其原本的晶体是没有颜色的，人为浸染的颜色沿着晶体的颗粒间的缝隙进入一些细微的裂隙，当我们观察时，颜色和晶体有明显的分界。

冰种福禄寿喜手把件

翡翠原石的鉴定

习性与产出状态

由于翡翠出产的地质条件不同，山料、山流水和仔料三种原料的外形特征有着比较大的差别。一般而言，山料是直接从原生矿中采出的石料，大多呈块状，原石表面新鲜，没有风化形成的皮壳，棱角清楚，质地一般比较差。仔料一般是水蚀卵石，磨圆比较好，有长期风化形成的皮壳，相对来说质量比较好。山流水的特征介于上述两者之间。

矿物成分

翡翠是以硬玉矿物为主的集合体。硬玉属于单斜晶系，晶形呈柱状。翡翠也含其他矿物，如钠铬辉石，有时含量可达 60％~90％，这种翡翠称为钠铬辉石翡翠；含透闪石和阳起石，称闪石化翡翠；当钠长石含量较高时，称钠长石翡翠。以硬玉矿物为主要成分的翡翠才是真正的翡翠。

结构

翡翠往往是粒状交织结构、纤维交织结构、毛毡状结构和交代结构等。纤维交织结构和毛毡状结构属于质量好的翡翠。

冰种满绿翡翠扳指

翠性

由于组成翡翠的硬玉矿物有着两组完全的解理，光从解理面上反射，将产生类似珍珠光泽的闪光，这便是人们常说的“翠性”，这是鉴定翡翠原石的重要依据。

密度

翡翠的密度约为 3.34 克 / 立方厘米，这是非常重要的一个特征，这一特征可为区别各种仿制品、赝品等提供重要依据。在鉴定翡翠原料时，当密度与 3.34 克 / 立方厘米有差别时，则需要通过成分等多方面对鉴定对象的真假作出进一步鉴别。

冰种满绿圆条手镯

冰种三色翡翠扁条手镯

皮壳特征

翡翠仔料具有皮壳，在翡翠原石交易市场上，人们是根据皮壳的情况来断定翡翠内部的质量，因此，市场上也存在不少伪造皮和染色皮的情况。

伪造皮是将无皮或粗砂皮的石料，通过人工贴皮的方式制成外表皮，一般是制作细砂皮。伪造皮的特征为：皮的粗细、颜色大多十分均匀，表面光洁，无绺裂；轻轻敲打，会出现掉皮的现象，用水煮则更能暴露其本来面目。

染色皮是经仔料带皮染色而形成，与天然的仔料皮没有太大的区别，但皮下却产生一层伪装的鲜艳绿色，欺骗性较大。鉴别的办法是仔细观察皮下的颜色，若各个地方的颜色一样，就应产生防范心理，需要进一步放大观察，以找出染色皮的确凿证据。

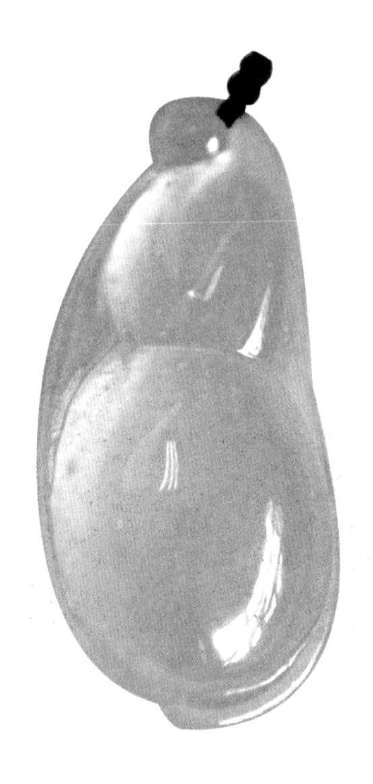

冰种无色翡翠福禄双全挂件

成品的鉴别

冰种阳绿翡翠佛挂坠

与相似宝玉石的鉴别

在珠宝中与翡翠相似的宝石非常多，比较典型的有石英质玉、软玉、蛇纹石玉、独山玉、石榴子石玉、长石质玉、碳酸盐质玉和玻璃等。

但是仿制品与翡翠的物理性质和镜下特征存在明显差别，鉴定起来相对比较容易。

处理翡翠的鉴别

珠宝市场上真正优质的天然翡翠非常昂贵，有些投机取巧的珠宝商人会通过各种方法优化处理翡翠。比较常见的优化处理翡翠的方法有：染色（焓色）、充填、加热、漂白、酸处理、浸油浸蜡等，最主要的处理品种是A货、B货、C货和B+C货。下面我们做一下简要的介绍。

冰紫弥勒佛

1. A货、B货、C货和B+C货翡翠的概念

A货翡翠：是指除了机械加工成饰品外，没有经过任何物理、化学处理，颜色、结构都保持天然，没有外来物质加入的翡翠。

B货翡翠：是指一些带有颜色，但质地差、不透明、富含杂质的翡翠，这种翡翠是用强酸处理，溶出杂质，然后用树脂等物质充填而形成，经过漂白加充填处理的翡翠。

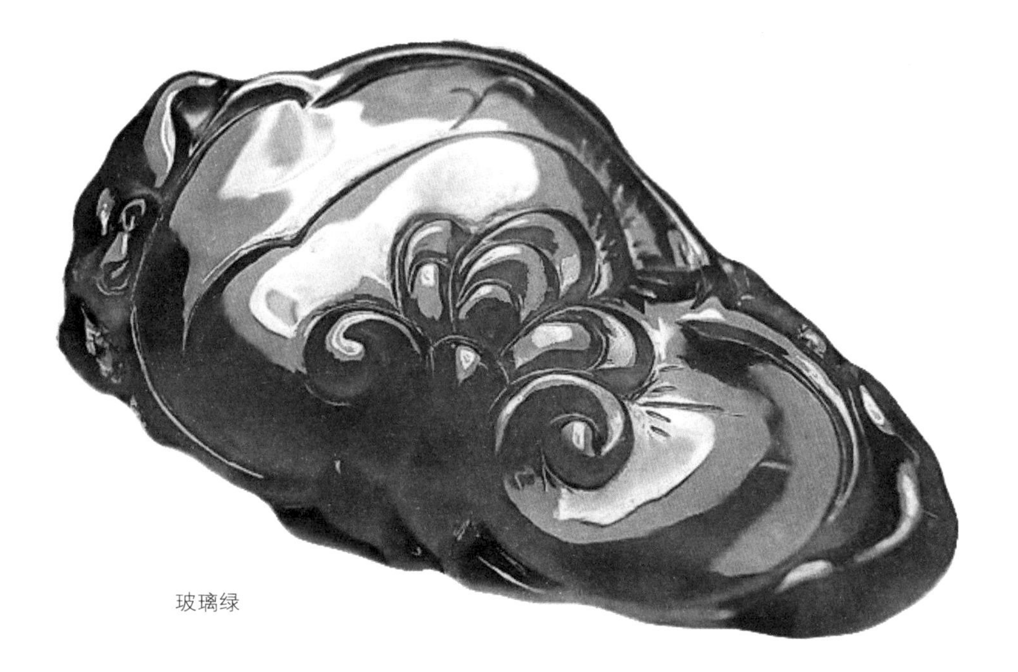
玻璃绿

C货翡翠：是指翡翠的颜色是人工染成的，即染色（炝色）翡翠。

B+C货翡翠：是指翡翠不仅经过了强酸溶解、外来物充填，而且颜色也是人工染成。

2. B货、C货及B+C货翡翠的鉴别

鉴别B货翡翠大多是从以下几个方面进行：

（1）观察外部特征：B货翡翠的结构给人一种松散破碎的感觉，与天然翡翠结构不同；B货翡翠颜色娇艳，没有杂质；B货翡翠的颜色有扩散的痕迹；B货翡翠光泽比较弱。

（2）观察内部结构：天然翡翠的结构是镶嵌、定向连续的。而B货翡翠由于经过化学处理，翡翠的内部结构被破坏，结构较松散，长柱状晶体被错开、折断，定向排列的晶体遭受破坏，颗粒边界变得模糊。另外如果有充填胶，胶体内可以看到气泡、龟裂和颜色扩散现象，胶也可能有老化现象。

（3）鉴定密度：B货翡翠的密度偏低，一般小于3.32克／立方厘米。

（4）辨别声音：将天然的翡翠手镯吊起来轻轻敲打，会响如钟声，清脆有回音，B货翡翠声音混浊。

（5）荧光：一些充填胶在紫外线、长短波下均可发荧光，所以在荧光下可见有绿色、白色的情况，荧光性不均匀。

（6）红外测试：人们一直认为红外测试是鉴定B货翡翠最实用、有效的方法，因为B货翡翠经红外测试时可见C和H的谱线，这是胶的谱线。后来人们发现这种特征谱线并不能作为最可靠的依据，因为市场上出现了无机充填的B货翡翠。有C、H谱线者可以说明该翡翠一定是B货，但无C、H谱线者并不能说明它不是B货翡翠，因此还需要进行综合测试。

C货翡翠的颜色大多是以铬酸染色而成，在查尔斯滤色镜下常呈红色，这是C货翡翠的特征之一。将C货翡翠放大观察，颜色主要集中在裂隙或颗粒边界中。此外，不管以什么方法染成的绿色翡翠，长期放在阳光下暴晒都会褪色。通过上述方法，较易将C货翡翠与A货翡翠区别开来。

鉴定B+C货翡翠需要将鉴定B货翡翠和C货翡翠的方法结合起来，才能达到正确鉴定的目的。

3. 其他方法处理翡翠的鉴别

除了上述我们所说的仿制品外，在珠宝市场上我们还能见到以其他方法处理的翡翠饰品。

（1）加热处理翡翠：有些珠宝商不满意翡翠的颜色，于是便用加热处理法将翡翠变色。通常是将黄色、棕色、褐色的翡翠通过加热处理而得到红色翡翠。经过加热处理的翡翠与天然红色翡翠一样耐久。由于处理翡翠与天然红色翡翠的形成过程基本相同，不同的是通过加热加速了褐铁矿失水的过程，使其在炉中转化成了赤铁矿。因此珠宝界的人士对这种翡翠一般不鉴定，也很难鉴定。如果一定要鉴定的话，其显著的不同是天然红色翡翠要透明一些，而加热处理的红色翡翠则会干一些。

玻璃种

（2）浸油浸蜡处理翡翠：珠宝市场上比较常见的是浸油浸蜡处理过的翡翠。浸油浸蜡的处理方法是为了保护翡翠，同时也是为了掩盖裂纹，增加翡翠的透明度，因而，对它的鉴别也应高度重视。对于浸油浸蜡处理翡翠的鉴别不是那么困难，因为通过这种方法处理的翡翠大多具有十分明显的外部特征，比较典型的是具有明显的油脂和蜡状光泽，也有可能残留油迹或蜡迹。此外，可以通过专门的方法鉴别，例如浸泡在盐酸中，油和蜡就会被溶解，裂纹得以恢复；在酒精灯上加热便能将油和蜡熔出；通过红外光谱可以看到明显的有机物吸收峰；浸油者会出现黄色荧光，浸蜡者会出现蓝白色荧光。

（3）漂白处理翡翠：这类翡翠的处理方法和 B 货相似，只是没有经过充填。因此，鉴别方法也与 B 货翡翠相似。但大多数翡翠漂白程度较轻，不太容易发现，只有在抛光的样品表面才留下极细的裂纹，因此鉴别比较困难，需要特别仔细才能找到线索。

玻璃种观音

玻璃种观音吊坠

冰种老坑如意福猴

材质：A 货翡翠

尺寸：46 毫米 ×31 毫米 ×13 毫米

特征说明：冰种老坑，底翠色，水头极足，色泽清新诱人。形象生动逼真，俏皮的猴子蹲坐于润泽饱满的葫芦上，神情怡然自得，闲适安乐。喻示着主人福寿安康、富贵永久。

Jewelry

镶金翡翠挂件

材质：A 货翡翠

尺寸：58 毫米 ×26 毫米 ×12 毫米

特征说明：此款挂件通透无瑕，饱满厚实，没有过多的修饰，玉质细腻，给人一种高雅的感觉。

缅甸翡翠玉手镯

材质：A货翡翠

尺寸：内径57.08毫米，外径71.69毫米，条宽13.92毫米，条厚7.37毫米

特征说明：手镯大气，色彩迷人，水头清亮，清新淡雅，佩戴起来美观大方，是一款非常不错的高档手镯。

时光中的舞者

——琥珀

琥珀文化

琥珀早已成为一种令人着迷的宝石而根植于人类的内心，它的独特魅力深深吸引着每一位佩戴者。在琥珀的背后有一连串美丽的故事与传说，这更增添了琥珀的神秘韵味。

在远古时期的原始森林中，烈日灼晒着地上的草木，没有一丝风，所有的动物以及植物都慵懒地低着头，连鸣叫的力气都没有了。

平时森林中是非常喧闹的，然而今天太过炎热，所有的动物都选择了躲在树下休养生息。一只古老的昆虫正趴在树荫下休息，闷热的天气让它喘不过气来，忽然，有一只松鼠从树梢上蹿了下来，这只古老的昆虫没有任何反应，头都懒得抬。就在松鼠经过古老的昆虫身旁时，一滴金黄色的树脂落了下来，不偏不倚地盖在了它身上。黏稠的树脂将这只慵懒的古老昆虫永远地包裹起来，它再也无法动弹，金黄透明的树脂没有停止，依然在一滴一滴地往下落着，最终将这只古老的昆虫全部包裹。这只是整个森林里的一角，虽然这样的画面让人触目惊心，但是很多动物根本没有抬头，这对于它们来说是很平常的事。数千万年以后，人们走过这片古老的森林，在这里发现了一块美丽的琥珀，里面正是那只古老的昆虫，让人无法叫上名字的昆虫。

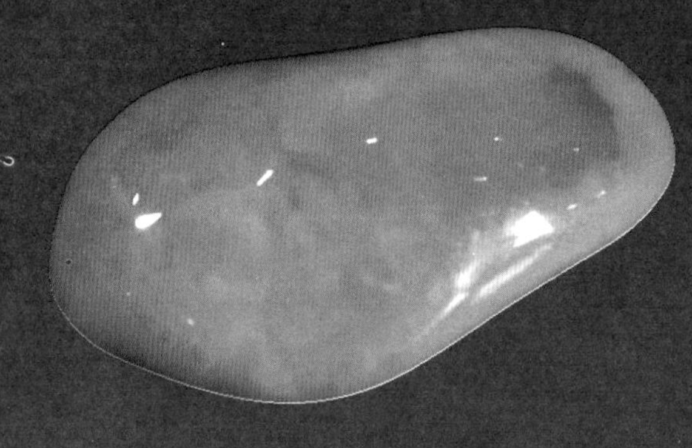

琥珀石

清乾隆 琥珀色套料磨多棱鼻烟壶

这是一个有关琥珀的美丽传说，在欧洲各国，特别是琥珀的故乡，流传着很多类似的传说。我们选择了几个版本在这里分享。

传说在浩瀚的宇宙之中，有掌管万物的神明，这些神明都有各自的使命，他们每天都在忙碌着。太阳神阿波罗之子法厄同驾驭着由野马拖驶的太阳战车驰骋在天空。有一天，野马忽然受惊，失去了奔跑方向，开始四处乱撞，最终拖着太阳战车冲到了地球上，地球上的原始森林燃起熊熊烈火，整个地球都在燃烧，陆地也被烤干了，法厄同在地球遇难。后来，法厄同的三个妹妹下凡祭奠，她们非常爱自己的哥哥，以致无法控制自己的感情，每天都在哭泣。三姐妹看到整个地球生灵涂炭，经过商议之后，她们愿意以自己的身体来弥补哥哥的失职。她们将自己的身体伸进泥土之中，生根发芽，慢慢长成一棵棵粗壮的大树，使地球焕发了生机。三姐妹依然无法停止对哥哥的思念，还是整日整夜地流泪，她们流出的泪水在太阳下变得坚硬，最后化为一块块神秘而美丽的琥珀。

关于琥珀的传说很多都带有浪漫的韵味，这里有一个流传在波罗的海的传说更加独特。波罗的海是世界上盐度最低的海，这里的人认为琥珀是天使的眼泪。在一天夜深人静后，美丽善良的蜡制天使从圣诞树上飞到波罗的海的岸边，他一边游览，一边为人类默默祈祷。忽然他看到前方一片火光，当他走近时，发现很多士兵正在欺辱当地的寡妇和孤儿，蜡制天使非常心痛，他的眼泪不禁流下来，由于悲伤过度，他忘

琥珀挂件

了自己哭了多久，在炎炎烈日当空时，他竟然还没有返回天庭。天使的身体开始融化，与眼泪混合后，竟变成一块块美丽的琥珀，掉落在波罗的海中。

波兰人认为琥珀是在洪水淹没地球时，人们与诺亚在 40 天的漂流中留下的眼泪所变成的。

罗马人认为琥珀的价值是非常高的，据古罗马政治家普林尼记载，一小块琥珀的价格要比一名健壮的奴隶价格高很多。

东方人认为琥珀的芬芳香味能净化人类的心灵，同时带给人们力量和勇气。

世界各国对于琥珀都是非常珍视的，俄罗斯民间流传着琥珀可以为婴儿带来好运的说法，每当丈夫得知妻子怀孕时，便会将一条琥珀项链送给妻子，婴儿降生后，戴在婴儿的脖子上可以辟邪，并且对孩子的健康和成长有极大好处。

欧洲人认为琥珀是吉祥物，象征着快乐和长寿。他们还将琥珀看作是爱情的保护石。传说欧洲有一位国王，在新婚之时，将一块精美的琥珀送给了妻子，从此他们和睦相处，白头偕老。后来在王子或是公主的婚礼上，国王都会送给他们一块琥珀，他的子孙在婚姻中也获得了幸福。渐渐地当地人结婚时，都将琥珀视为最好的礼物送给新婚之人，他们认为琥珀可以保佑新婚之人的爱情天长地久，这种风俗一直延续到现在。

Jewelry

温婉气质天然琥珀金花珀蜜蜡礼件

材质：金珀

尺寸：39 毫米 ×22 毫米 ×22 毫米

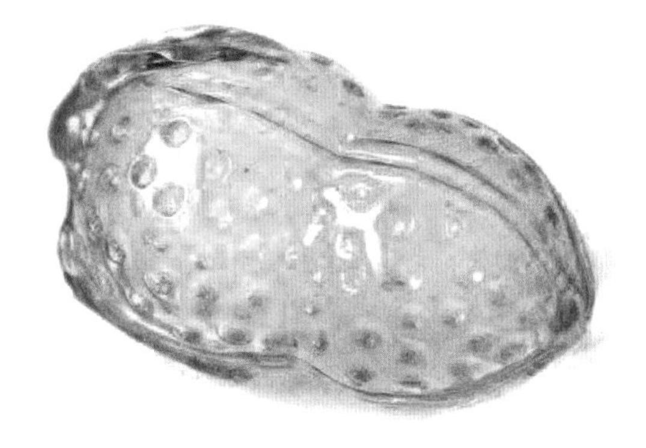

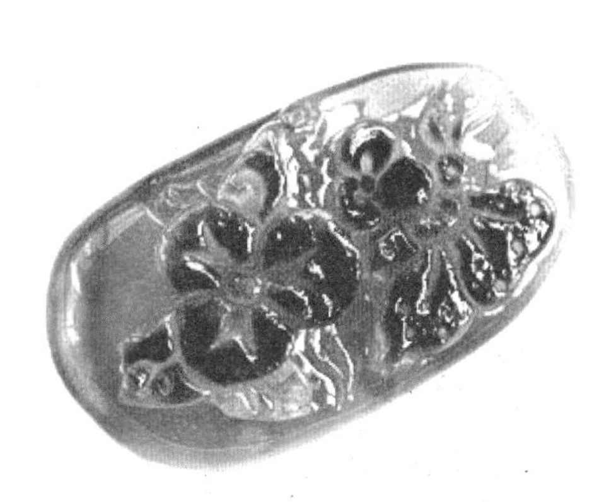

双面巧雕带皮蜜蜡挂件

材质：血珀

尺寸：45 毫米 ×25 毫米 ×14 毫米

琥珀的分布

琥珀的产地主要是俄罗斯、法国、罗马尼亚、德国、波兰、英国、意大利的西西里岛、美国的怀俄明州、新泽西州和阿拉斯加州，日本、印度等也有琥珀产出。

世界上第一个发现琥珀的国家是丹麦。波罗的海海滨有比较多的精品琥珀矿产，其中20％可以用来做首饰。波罗的海琥珀的特点为品质好、块大、产量大、质地透明、半透明、不透明、颜色好，这里的琥珀有白、蓝、黄、红、褐、绿色，琥珀的种类也特别多，常形成含各种动植物包裹体的琥珀。世界上最好的琥珀出产于波罗的海，全世界几乎90％的琥珀产自这里。

清血珀童子牧牛摆件

波罗的海的海水温度非常低，使得这里产出的琥珀质地细腻，晶莹剔透，色彩斑斓。某些经过加热的琥珀达到了极高质量。其他地区出产的琥珀经过处理很少能出现如此高品质的效果。珠宝界人士通常认为，内含琥珀花的琥珀便是产自波罗的海的琥珀。

俄罗斯琥珀储量占据了世界总储量的90％，每年从俄罗斯开采的琥珀有600~700吨，大约有一半可用来制作宝石，另一半劣质的用于工业或医药。在俄罗斯加里宁格勒的琥珀矿，琥珀层厚度有3米。

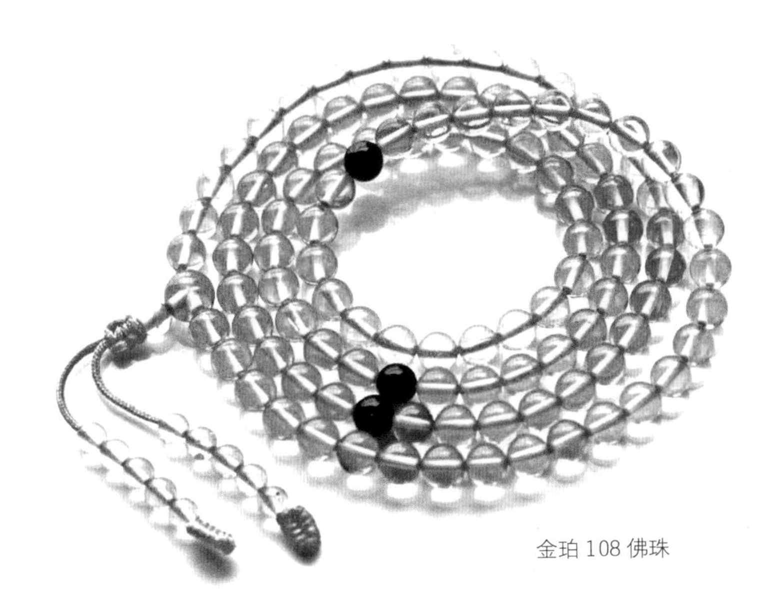

金珀 108 佛珠

产自意大利西西里岛的琥珀大多为橘色或是红色，也有绿色、蓝色和黑色。西西里岛也是蓝色琥珀和绿色琥珀的重要产地。这里出产的琥珀都是透明的，其琥珀年龄为 6 千万 ~9 千万年。

世界上出产琥珀的第二重要区域在美洲，多米尼加是琥珀最著名的产地之一。多米尼加的琥珀特点为常含有各种生物，有形态各异的珍贵昆虫化石，还有植物的叶和花，鸟的羽毛以及哺乳动物的毛。多米尼加琥珀内也曾发现蜥蜴、青蛙等形体比较大的生物，但数量非常少。多米尼加的虫珀因质量上乘、内含物种丰富、虫体保存完好而成为虫珀收藏中的精品。这里的琥珀形成于距今 3 千万年前的地层中。由于地质条件不同，这里出产的琥珀除了黄色外，还有珍贵的蓝琥珀、绿琥珀、樱桃色琥珀和红琥珀。蓝琥珀是多米尼加最著名的琥珀，它的产量非常少，供不应求。由于多米尼加对于琥珀出口进行限制，所以这一地区产出的蓝琥珀的价格居高不下。

新西兰出产大量的树脂，在这些树脂中含有丰富的动植物包裹体，与天然琥珀很相似，但是这些树脂形成的时间只有 100 万年左右，因此不能算作琥珀，只能称之为柯巴树脂。琥珀的主要的矿物成分是树脂，为一种浅黄色透明的物质，颜色就像新鲜的蜂蜜一样。琥珀形成之后仍然保持着树脂本身的颜色。

金珀小小福气瓜

罗马尼亚的琥珀颜色之多居世界之首，有深绿色、深棕色、黄褐色、深红色和黑色等，大多属于深色系，因为这里的琥珀矿区含有大量的煤和黄铁矿，所以导致了琥珀的颜色较深。罗马尼亚琥珀中最为珍贵的要数黑琥珀了，它在黄光照射下呈枣红色。在罗马尼亚还存在着一种独一无二的琥珀，这种琥珀的颜色介于棕色和绿色之间，燃烧时会发出呛鼻的硫黄味，熔点在 300~310 摄氏度之间。罗马尼亚琥珀的相对密度是 1.048 克 / 立方厘米，稍低于波罗的海琥珀，硬度则稍高于波罗的海琥珀。罗马尼亚的红棕色琥珀，在紫外线照射下，会产生蓝色荧光，这种现象与多米尼加的蓝色琥珀相同。

缅甸的琥珀颜色主要是暗橘色或暗红色，琥珀中含有植物碎片。缅甸琥珀多数开采于 20 世纪初的北缅甸。据科学测试，缅甸琥珀中含有海底微小生物化石和绝种的昆虫种类。

另外，墨西哥、厄瓜多尔、阿根廷、巴西、智利、委内瑞拉等国都有琥珀产出。

金珀观音挂件

在中国也有不少出产琥珀的地方，例如河南、辽宁和云南。河南西峡县的琥珀主要分布在灰绿色和灰黑色的细沙岩中，面积达 600 平方千米。呈瘤状、窝状产出，每一窝的产量从几千克到几十千克，琥珀大小也不相同，从几厘米到几十厘米，1980 年曾采到一块重 5.8 千克的琥珀。此地琥珀的颜色有黄色、褐黄和黑色，半透明到透明。有些琥珀的内部可以看到昆虫包裹体，大多数琥珀中含有砂岩以及方解石和石英包裹体。此地出

产的琥珀主要为医用，1953年后开始用作工艺品，现在每年有上千千克的产量。

辽宁抚顺的琥珀产自第一纪煤层中，也有些琥珀产于煤层顶板的煤矸石中，灰褐色煤矸石中保存的颗粒状琥珀呈金黄色，密度、硬度较大。产自抚顺煤田中的琥珀呈块状、粒状，质量非常好，且数量多，与波罗的海的琥珀相似，透明至半透明，有血红、金黄、蜜黄、棕黄和黄白等多种颜色，这里也发现了昆虫或植物包裹体的珍贵琥珀——虫珀。虫珀的数量非常少，往往几十千克琥珀中也难以发现一个虫珀。由于地热的原因，抚顺的琥珀颜色有很多种，虫珀中的昆虫比波罗的海琥珀中的昆虫要明显干瘪（因为埋藏时间要长）。由于现在抚顺琥珀矿产已经枯竭，琥珀及煤精很少出产，很多人将抚顺琥珀、煤精作为收藏。国家规定虫珀为化石，价格非常高。抚顺琥珀具有强树脂光泽，透明，硬度2~2.5，相对密度1.1~1.16克/立方厘米，折射率为1.539~1.545，150摄氏度时软化，300摄氏度时熔融燃烧，有芳香味。

连年有余琥珀手把件

中国云南丽江等地的琥珀大多产自第三纪煤层中，颜色多为蜡黄，半透明，大小1~4厘米，还没有进行大规模的开采。中国历史上云南的永平保山曾有过出产琥珀的记载。

世界上最大的琥珀重约15.25千克，现收藏于伦敦自然博物馆。产自波罗的海的最大琥珀重为10.478千克，收藏在丹麦琥珀屋博物馆。

清朝 琥珀鼻烟壶

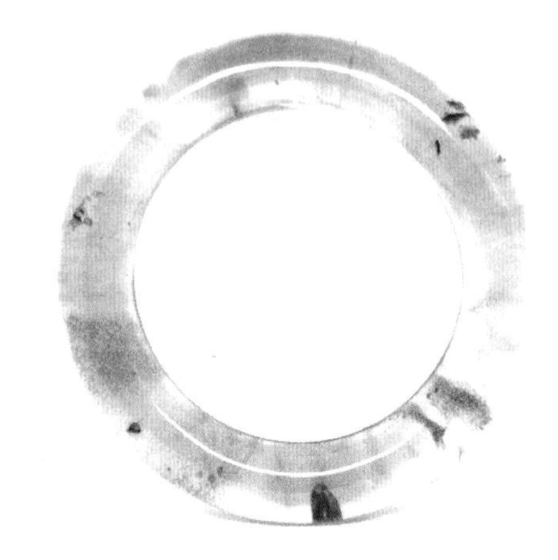

琥珀手镯

材质：金珀

尺寸：外径 84 毫米，内径 60 毫米，厚 14 毫米

琥珀手链

材质：老蜜蜡

尺寸：直径 24 毫米

琥珀手链

材质：虫珀

尺寸：直径 22 毫米

琥珀的分类

根据颜色、成因、不同的特征和珠宝界中的一些习惯称呼，琥珀的类型大致有血珀、香珀、虫珀、金珀、蜜蜡、金绞蜜、灵珀、花珀、石珀、蓝珀、绿珀、水泊、蜡珀、明珀、红松脂等类型。

1. 血珀

血珀也被称为红琥珀或红珀。天然血珀的颜色就好像鲜血一样。血珀有天然血珀、天然翳珀和烤制血珀之分，同为天然或烤制也有好坏之分。天然形成的红色琥珀非常稀少，大概占总量的 0.5％。市场上出现的红琥珀大多是靠人工热处理获得的（加速氧化作用）。“老”琥珀的颜色需要经过漫长的时间历练而变得更红。要感觉到颜色有明显改变大概需要 50~70 年。血珀造假很难，产量极小，价格非常高。血珀的色

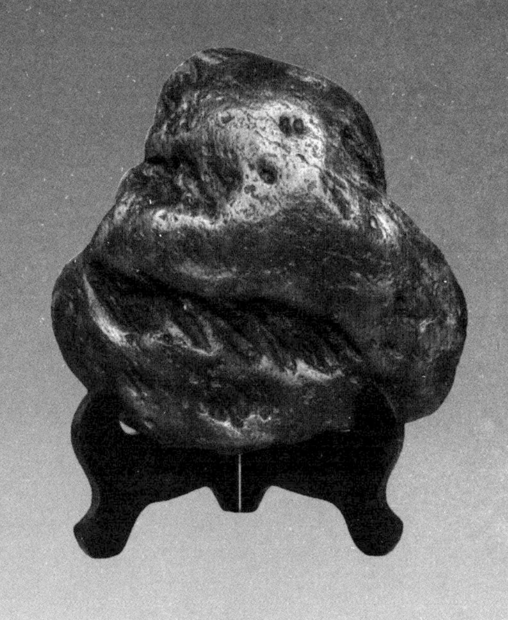

蜜蜡摆件

清朝 血琥珀笔筒

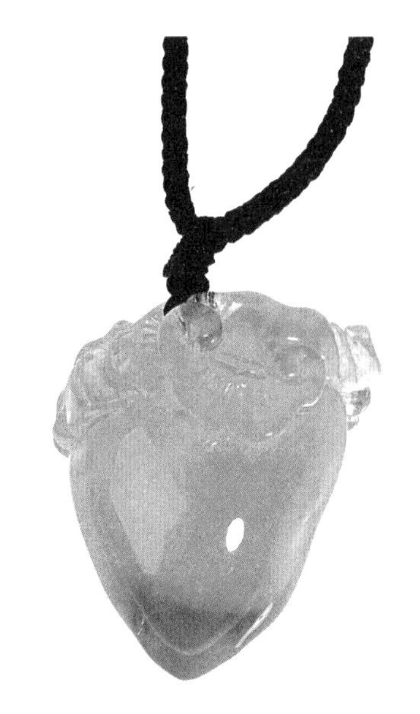
福寿桃金珀挂件

彩、透明度和纯净度（里面有无杂质）决定着其质量的好坏。同样是血珀，颜色鲜红、透明度高、里面毫无杂质的为上品。天然翳珀在正常光线下为黑色，透光观察或强光下是红色，翳珀的价格要比红琥珀低。

2. 金珀

金珀为金黄色透明的琥珀，其特点为金灿灿犹如黄金般的颜色，有些还散发着金色光芒，透明度非常高，是琥珀家族中最为名贵的。

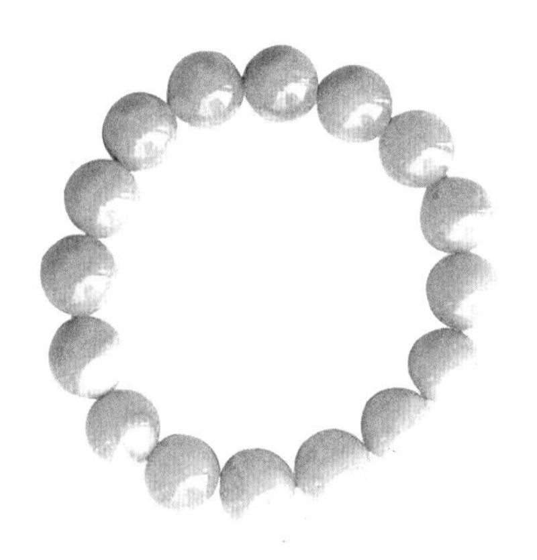
鹅黄蜜蜡圆珠手链

3. 蜜蜡

很多人曾认为蜜蜡不属于琥珀，中国系统宝石学则将蜜蜡划归于琥珀的一个品种。蜜蜡是半透明至不透明的琥珀，有各种颜色，其中金黄色、棕黄色、蛋黄色等是非常普遍的。有蜡状感，光泽以蜡状光泽树脂光泽为主，也具有玻璃光泽。有些还有玛瑙样的花纹，这类是非常罕见的。

4. 金绞蜜

金绞蜜为透明的金珀和半透明的蜜蜡相互绞缠在一起形成的一种具有绞缠状花纹的黄色琥珀。

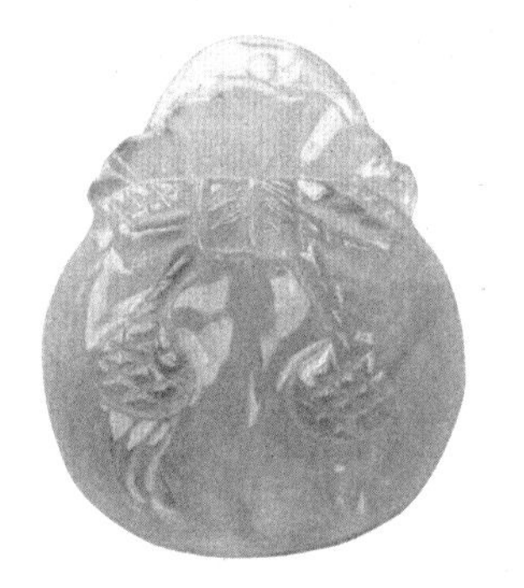
金绞蜜吊坠

5. 香珀

香珀是一种具有香味的琥珀，现在市场上出现很多由人工加入香料而制成的香珀。

6. 虫珀

虫珀是一种包裹动植物遗体的琥珀，

其中以包含小的动物遗体，如蚊子、蜜蜂、苍蝇等最为名贵。还有一些琥珀中含有水生动物，这真是不可思议。树脂根本无法与水相溶，为什么琥珀中经常可以看到微小的水生动物呢？德国柏林国家历史博物馆的专家对于这一现象作出了解释：数百万年前，许多树脂从远古松树林中落下，有些松树靠近池塘，很多树脂就掉落在池塘中。因为树脂无法与水相溶，便一直漂浮在水面上，栖息在池塘中的许多微小水生物便被包裹其中。例如水蛼，这是一种在水中快速游动的生物，当它们快速穿过水面时，很容易接触到水面上的树脂，树脂便将水蛼的身体粘住，水蛼越是用力挣扎，树脂就越是紧紧地将它包裹起来，水蛼在树脂的包裹下慢慢死去，最终形成了今天我们所看到的含有水蛼的琥珀。

虫珀

7.蓝珀

蓝珀的价值非常高，是非常罕见的一种琥珀。蓝珀并不是我们想象中的蓝色，而是带点紫的棕色，在普通光线下转动，角度适当时会呈现出蓝色，稍微再转动一下角度，蓝色便会消失，当主光源位于其后方时，它的蓝色最蓝。也有少数蓝珀本身就是蓝色。另外，含杂质较多的蓝珀的蓝色更为明显。中美洲的多米尼加所产的蓝珀最为著名。在所有种类的琥珀中，蓝珀是最具有价值的，蓝珀仅占琥珀总量的0.2%，有时与白色琥珀伴生。学者们对多米尼加蓝珀的起源与形成过程提出了诸多理论，有观点认为是火山爆发时的高温使琥珀变软，并且将附近的矿物融入其中，冷却后再次形成琥珀。还有人认为，多米尼加蓝珀的形成是由于松柏科树脂中含有碳氢化合物，才使得多米尼加蓝珀有了不同于其他琥珀的蓝色。同时，含有芳香族的碳氢化合物给多米尼加的蓝珀增添了一股芳香气味。在对蓝珀进行加工时，这种芳香非常刺鼻。这是这一琥珀品种独一无二的特征。蓝珀的另一个特性是它极少内含昆虫、植物、气泡。人们曾经发现极少数的蓝珀内含昆虫，但是都已经被压缩得无法辨认。正常的蓝珀本身不会有结晶花产生。

8.绿珀

绿珀是一种绿色透明的琥珀，当琥珀中混有微小的植物残枝碎片或硫化铁矿物时，琥珀会呈现出绿色。绿色是很稀少的琥珀颜色，约占琥珀总量的2%。

玫瑰花开绿珀挂件

明珀 108 佛珠

花珀挂件

9. 灵珀

灵珀是一种黄色透明的琥珀，是名贵的优质品种。

10. 明珀

明珀是一种黄色或红黄色的琥珀，其晶莹润泽，性若松香。

11. 水珀

水珀又被称为水单琥珀，是一种浅黄色透明度较高的琥珀。

12. 花珀

花珀是一种黄白或红白相间的琥珀，其颜色非常不均匀。

13. 蜡珀

蜡珀的颜色为蜡黄色，具有蜡状感，因含有大量气泡，所以透明度比较差，密度也比较低。

14. 白琥珀

白琥珀在琥珀中比较稀少，占总量的 1％~2％。以其天然多变的纹路为特征。这种琥珀又被称为“皇家琥珀”或者“骨珀”。它可以与多种颜色伴生（例如黄色、黑色、蓝色、绿色），形成颇为美丽的图案。白琥珀每立方毫米含的气泡数可以达到 100 万个，由于这些气泡对光的散射从而使琥珀变成白色。

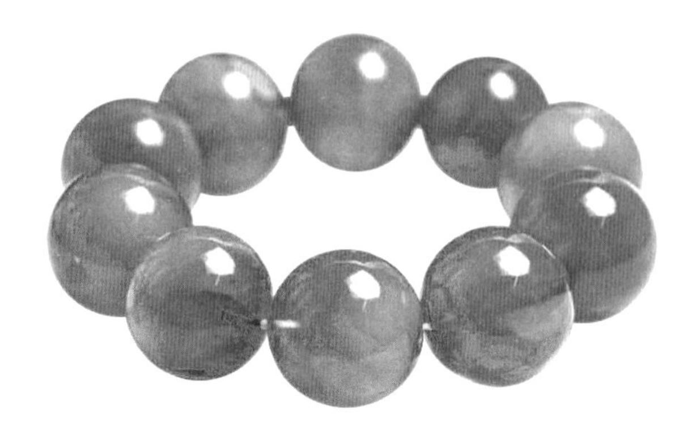

琥珀蜜蜡手链

材质：老蜜蜡

尺寸：直径 27.3 毫米

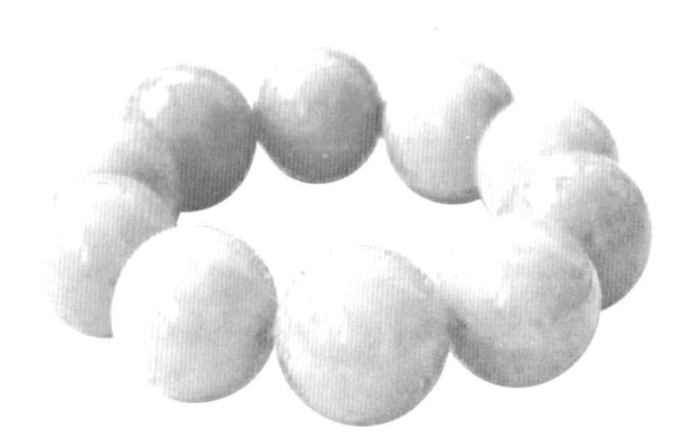

老蜜蜡手链

材质：老蜜蜡

尺寸：直径 22 毫米

血珀手链

材质：血珀

尺寸：直径 25.6 毫米

琥珀的保养

琥珀在珠宝中属于娇贵的宝石，日常保养很重要，保养的好坏直接影响到琥珀的质量和耐久性。

1. 琥珀不可接触挥发性、腐蚀性的物质，尽量避免与强酸、强碱的接触，因此在下厨做饭或做与这些物质有接触的工作时不可佩戴。

2. 琥珀非常容易熔化，怕热，不可放在烈日下暴晒，应尽量避免太阳的直接照射。不能放在高温的地方，也不可见明火，更不要摔碰或刀割。

3. 琥珀属于有机质，非常容易溶于有机溶剂，一般情况下不要用重液测密度和浸油测折射率。不可接触喷雾型产品，如发胶、杀虫剂、香水等。

蜜蜡平安扣

花珀平安扣

琥珀灵猴生挂件

4. 清洗时需要用中性清洁剂并放在温水中浸泡，然后用手搓洗，以清水冲干净，最后用眼镜布擦干就可以了。万不可用珠宝店中的超声波首饰清洁机器清洗，容易将琥珀洗碎。

5. 琥珀的硬度比较低，在放置时，一定要单独封装，不可与其他首饰放一起，以免摩擦受损。与硬物摩擦会使表面毛糙，产生细痕，因此也不可以用毛刷和牙刷等硬物清洗琥珀。

6. 将琥珀放置于过于干燥的地方，容易产生裂纹，因此要尽量避免将琥珀放置于干燥的环境。

7. 若不小心将琥珀划伤了，用软布轻轻擦拭后便可亮丽如初，之后再滴上少量的橄榄油或是茶油轻拭琥珀表面，稍等一会儿将多余油渍擦掉即可恢复光泽。最好的保养方法就是佩戴，因人体含有油脂，可以滋润琥珀。

清朝 琥珀雕羊摆件

Jewelry

缅甸琥珀古典圆镯

材质：金珀

尺寸：内径 60 毫米

极品包浆老蜜蜡手链

材质：老蜜蜡

尺寸：长 31 毫米，宽 22 毫米

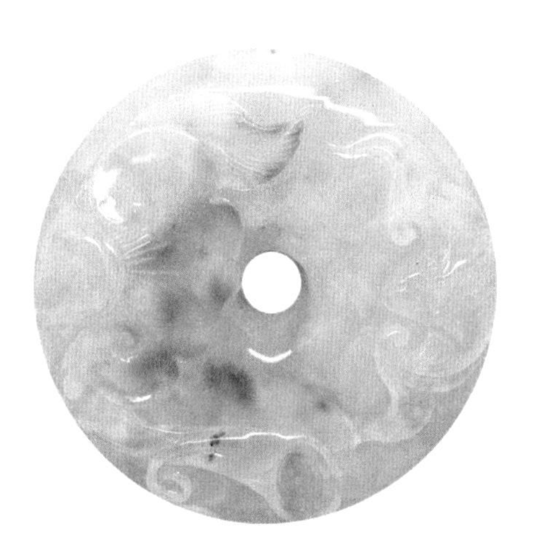

琥珀挂件

材质：半蜜半珀

尺寸：直径 64 毫米，厚 32 毫米

琥珀的鉴别

相对于其他宝石来说，琥珀的鉴定比较困难，因为琥珀的熔点低，普通的酒精灯便能将其熔化，所以给我们的鉴定带来一些困难。但是经过专家多年的实践，总结出一些可以鉴定出琥珀真伪的方法。

1．观察试验

在观察温润透明的琥珀时，从不同的角度会发现不同的效果。琥珀的仿制品要么很透明要么不透明，颜色呆板。再造琥珀内部的气泡大多被压扁形成长条形，天然琥珀内部的气泡是圆形的。

2．测相对密度

琥珀的相对密度为 1.08 克/立方厘米，质地很轻，将天然琥珀雕件放在饱和盐水中会悬浮（一般是 1∶4 的盐水即达到饱和），其他仿制品的密度比饱和盐水大，会下沉。

3．加热或热针测试

以打火机烧烫琥珀的表皮，会产生松香味、色变黑。也可以将一根烧红的细针刺入琥珀中，然后趁热拉出，如果产生黑色的烟以及松香气味就是真琥珀。冒白烟

天然琥珀玫瑰挂件

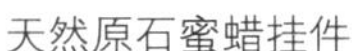
天然原石蜜蜡挂件

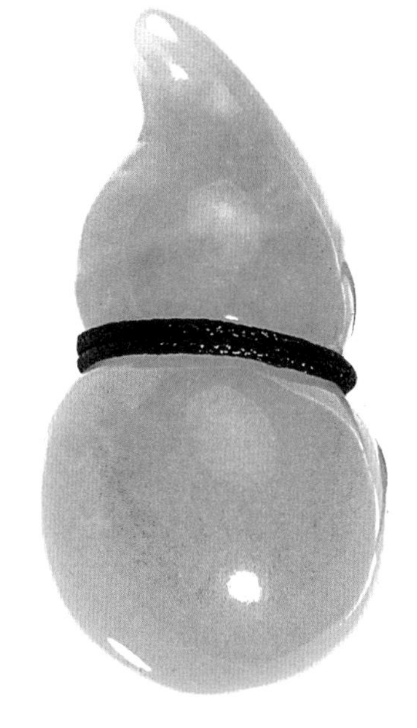
聚财葫芦蜜蜡挂件

并产生塑胶辛辣味的便是塑料制品。在拉出针时，塑料制品会局部熔化而粘住针头，“牵丝”出来，天然琥珀则不会出现这种情况。

4．乙醚试验、红外光谱

在琥珀上寻找一处不影响外观的地方，滴一滴乙醚，几分钟后用手搓，琥珀不会有任何反应，若是柯巴树脂的仿制品则会腐蚀变黏。乙醚挥发后，琥珀不会有任何变化，而柯巴树脂的表面却会留下一个斑点。由于乙醚挥发很快，必须滴一大滴乙醚，或不断地补充。柯巴树脂对酒精也特别敏感，表面滴酒精后就会变得发黏或不透明。

另外，柯巴树脂的红外光谱与琥珀的差异比较大。琥珀的特征吸收峰为位于1737 厘米 $^{-1}$ 和 1157 厘米 $^{-1}$ 左右的强红外吸收谱带，及 1456 厘米 $^{-1}$ 和 1384 厘米 $^{-1}$ 附近的特征红外吸收谱带，曲线相对平滑。柯巴树脂的红外图谱的主要峰位发生偏移，在 3078 厘米 $^{-1}$ 处出现不饱和氢的特征吸收峰。测试琥珀的红外光谱主要是用溴化钾粉末法，属微损鉴定，一般在鉴定之前要征得客户同意，才可以进行。

5．声音测试

没有经过镶嵌的琥珀珠放在手中轻轻揉动，会发出很柔和略带沉闷的声响，塑料或树脂发出的声音则比较清脆。

婀娜福瓜绿珀挂件

蜜蜡耳坠

6. 测折射率

琥珀是一种非晶质物质，折射率通常是 1.54。而塑料等仿制品的折射率在 1.50~1.66 之间变化，很少有与琥珀接近的折射率。

7. 硬度试验

在琥珀不起眼的位置用针轻轻斜刺时，会出现轻微的爆裂感和十分细小的粉渣。如果是硬度不同的塑料或别的物质，要么无法扎动，要么有很黏的感觉，还有些仿制品甚至可以扎进去。

8. 虫珀的鉴定方法

天然的虫珀中昆虫等杂物是立体的，每一个昆虫身体上的毛都成直立状，每条腿的姿态也都不一样，多数给人一种挣扎的感觉。有些大一点的昆虫，嘴前有时还会有它呼出最后一口气而形成的小气泡。天然琥珀虫体周围的颜色要比其他地方的琥珀颜色深。经过人工填塞的昆虫是处理过的，已被压扁。

9. 蜜蜡的鉴定方法

鉴定真品蜜蜡的唯一方法是琥珀遇热变红、变黑或起星。用琥珀碎料经过压制形成颜色透明色彩鲜艳的蜜蜡，表面有人工加色处理。蜜蜡因琥珀酸含量比较高所以不透明，因体温的关系，蜜蜡戴久了琥珀酸会减少，慢慢变成透明的琥珀。

Jewelry

顶级蜜蜡雕刻龙珠手链

材质：黄蜜蜡

尺寸：直径 18 毫米

天然琥珀桶珠手链

材质：老蜜蜡

尺寸：最小珠子：长 20.5 毫米，宽 15 毫米；最大珠子：长 24 毫米，宽 18 毫米

琥珀手链

材质：金珀

尺寸：平均长 17 毫米

琥珀手链

材质：金珀

尺寸：直径 20 毫米

来自大海的美娇娘
——珍珠

珍珠文化

古时候关于珍珠的传说很多，人们总认为这是一种神赐之物，由于古代科学技术水平较低，人们无法对珍珠的形成作出科学的解释，于是有关珍珠的传说越来越广，被人类所神话。扑里尼乌斯博物志如此记载："珍珠是海底的贝浮到海面后，吸收了从天上掉下来的雨露而育成的。"古代印度教有记载说："珍珠是随着牡蛎的出现而产生的，牡蛎打开贝壳时，落进贝中的雨点经过时间的推移变成了珍珠。"在日本的古事记、记书等典籍中对于珍珠的形成解释大多如此，中国民间也有关于珍珠的"千年蚌精，感月生珠""露滴成珠""神女的眼泪以及鲛鱼的眼泪成珠"等说法。在宋应星所著的《天工开物》中记载："凡珍珠必产蚌腹，映月成胎，经年最久，乃为至宝。"中国还流传着其他有关珍珠形成的神话，例如"凡蚌闻雷则痢瘦，其孕珠如怀孕，故谓之珠胎。"明朝时期李时珍所著的《本草纲目》中称珍珠为龙珠、蛇珠、鱼珠、

珍珠贝壳项链

鲛珠、龟珠等，并且详细记载了这些贝类以外的动物长珠的部位："龙珠在颌，蛇珠在口，鱼珠在眼，鲛珠在皮，龟珠在足。"

虽然世界上流传着很多有关珍珠的神话，但其中最为著名的是《鱼公主泪水成珠》的故事。故事讲述了一名叫四海的珠民，前往大海采珠时，遇到了风浪，万分危急中又遭遇了海怪的侵犯，四海奋力搏斗，海怪敌不过便逃跑了，但四海因伤昏迷。醒来时，四海发现自己躺在一张水晶床上，一位美丽的姑娘正在温柔地替他疗伤，她自称鱼公主，因爱慕四海的英勇，才出手相救，四海在鱼公主的照顾下很快伤愈。四海与鱼公主两人彼此喜欢，经过一段时间的接触结为夫妻。公主随四海前往人间，回到四海居住的白龙村，乡亲们既庆幸四海大难不死，更羡慕他娶到如此美丽的妻子，全村热烈庆祝了一番。从此公主成为了一名贤良的妻子，和村上的其他女人一样，粗食素衣，勤操家务，小两口的生活过得丰衣足食，远近闻名。珠池太监的爪牙对鱼公主的美丽垂涎三尺，于是设法陷害四海，最终将鱼公主抢走抵罪，四海奋力保护妻子，却被爪牙乱棒打死。公主施法逃回水府，十分悲痛。在四海去世后，鱼公主每天沉浸在思念之中，每年月明波平的晚上，鱼公主都会在礁石上对着白龙村痛哭，一串串眼泪也随之落入海中，珠池中的珍珠贝将嘴巴张得大大的将公主的泪接住，随后这些眼泪在珍珠贝的体内孕胎成珠，白龙池的珍珠特别多，又特别大，是因为由心灵纯洁的鱼公主眼泪所化。

珍珠耳坠

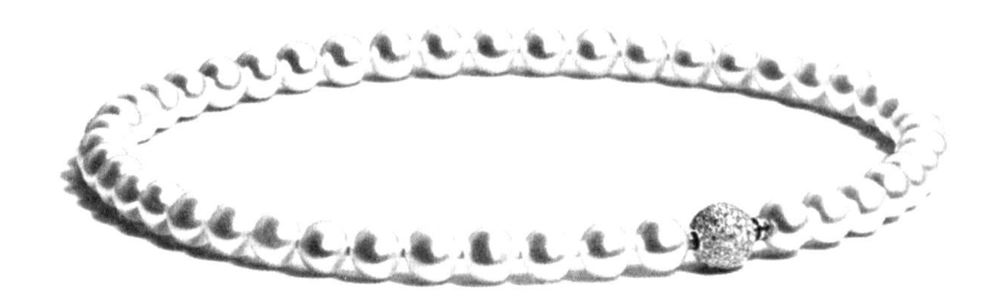

南洋白珍珠项链

材质：南洋白珍珠

尺寸：直径 7~8 毫米

珍珠属性：圆、无瑕、强光

黑珍珠项链

材质：黑珍珠

尺寸：直径 9 毫米

珍珠属性：圆、无瑕、强光

Jewelry

18k金大溪地黑珍珠吊坠

材质：大溪地黑珍珠

尺寸：直径 9~10 毫米

珍珠属性：正圆、无瑕、强光

镶嵌材质：K 金镶嵌

18K 金大溪地黑珍珠手镯

材质：大溪地黑珍珠

尺寸：直径 7~8 毫米

珍珠属性：圆、无瑕、强光

镶嵌材质：K 金镶嵌

珍珠的分布

天然珍珠的产地很多，如波斯湾诸国以及菲律宾、澳大利亚、墨西哥、日本、中国、英国、法国、孟加拉国等，但能够采到的天然珍珠却极少。天然珍珠主要生长在温带水深 8~15 米的海水中，是海水中的细菌气泡或沙砾等微小物质潜入珍珠母贝体内触及到外套膜后，珍珠母贝受到刺激分泌出珍珠质将异物包裹起来，渐渐长成近圆形的珍珠。珍珠按照天然珍珠的产地分为东方珠和南洋珠。

1. 东方珠

在珠宝市场上人们常常将东方珠作为天然珍珠的代名词，其主要产地有两处。

第一处为波斯湾产区，地处于伊朗以西沙特阿拉伯以东的波斯湾海域，波斯湾的西部沙特阿拉伯境内的浅海区是采捞天然珍珠的主要地区。这一地区出产的珍珠品质优良，在白色、乳白色的体色上伴有绿色晕彩，珍珠光泽强，在每年一度的巴黎珍珠交易市场上 90% 以上的中上等天然珍珠来自于这一地区。

珍珠裸珠

白色南洋珍珠项链

第二处为斯里兰卡产区，斯里兰卡产的珍珠来自马纳尔湾，这一地区出产的珍珠呈白色或奶白色，在体色上伴有绿蓝或紫色的晕彩。

2.南洋珠

缅甸、中国、菲律宾和澳大利亚这些地区出产的天然珍珠，都被称为南洋珠。南洋珠颗粒比较大，形状也很圆，颜色白，珍珠光泽较强，又被称为“银光”光泽，属于世界名贵的珍珠品种。

由于天然珍珠非常少，现在世界上很多国家开始发展珍珠养殖业，其中最主要的是在日本和中国，日本是养殖珍珠第一生产大国，中国位居第二。

中国的海水养殖珍珠，主要分布于北部湾及南海，如广西合浦珍珠以历史悠久闻名于世，色泽艳丽，质地优良，在国际市场上十分畅销。海南岛、广东沿海也都有海水养殖珍珠生产。中国的淡水养殖珍珠分布于南方各省，如江西、湖南、湖北、江苏、浙江、安徽、四川等地，其中以江苏、浙江的淡水养殖珍珠品质为佳，而且产量比较大。另外在江苏苏州和浙江诸暨等地建有珍珠交易市场，购买珍珠也比较方便。

南洋金珍珠项链

材质：南洋金珍珠

尺寸：直径 10~11 毫米

珍珠属性：正圆、无瑕、 强光

18K 金南洋金珍珠吊坠

材质：南洋金珍珠

尺寸：直径 15~16 毫米

珍珠属性：正圆、无瑕、极强光

镶嵌材质：K 金镶嵌

Jewelry

K金南洋金珍珠吊坠

材质：南洋金珍珠

尺寸：直径12~13毫米

珍珠属性：正圆、无瑕、强光

镶嵌材质：K金镶嵌

南洋海水珍珠项链

材质：南洋海水珍珠

尺寸：直径7~8毫米

珍珠属性：正圆、无瑕、强光

18K 金南洋金珍珠耳钉

材质：南洋金珍珠

尺寸：直径 12~13 毫米

珍珠属性：正圆、无瑕、极强光

镶嵌材质：K 金镶嵌

珍珠的分类

按成因分类

根据珍珠形成的原因，可以将珍珠分为天然珍珠和人工养殖珍珠两大类。

1．天然珍珠

在自然环境下野生贝类体内形成的珍珠称为天然珍珠。天然珍珠可形成于海水、湖水、河流等适合贝类生长的各类环境中。这种珍珠的产量非常低，因此价格昂贵。

2．人工养殖珍珠

人工养殖珍珠出产于人工培养的珠蚌中，人们将珠核异物植入珠蚌的体内，经过长时间的培养就可以形成珍珠。现在市场上的珍珠绝大多数为人工养殖珍珠，人工养殖珍珠按珠核和异物的特征又可进一步分为有核养珠、无核养珠、再生珍珠、附壳珍珠几种类型。

(1)无核养珠。这种珍珠取自活珠母蚌的外套膜。将小切片插入三角帆蚌或其他珠母蚌的结缔组织内，就像天然珠母贝、蚌类中的异物进入一样，以生成与天然珍珠

南洋珍珠红宝石钻石耳坠

基本相同的无核珍珠。

(2) 有核养珠。把准备好的珠植入贝、蚌体内，令其受刺激而分泌珍珠质，将珠核逐层包裹起来渐渐形成珍珠。

(3) 再生珍珠。在采收珍珠时，在珍珠囊上刺一伤口，将珍珠轻轻压出，再把育珠蚌放回水中，等到它伤口愈合后，珍珠囊上皮细胞继续分泌珍珠质而形成的珍珠。

(4) 附壳珍珠。这种珍珠是由一颗插入核养殖的半球形珍珠和珠母贝壳组合而成。珠核一般用滑石、蜡或塑料制成。

金色南洋珍珠项链

按产地分类

按珍珠的产地分类，可分为东珠、南洋珠、日本珠、大溪地珠、琵琶珠等。

1．东珠

这种天然珍珠采集于波斯湾，产珠的软体动物主要是普通珠母贝，这种珍珠颜色大多为白色、奶油白色，具有带绿色的强珍珠光泽，粒径在 10 毫米以内。

2．南洋珠

南洋珠是产自南海一带（包括缅甸、菲律宾和澳大利亚等地）的珍珠，产珠的软体动物主要是大珠母贝。珍珠的特点是粒径大，形圆，珠层厚，颜色白，具有强珍珠光泽，是珍珠中的名贵产品。

随形白色南洋珍珠项链

3．日本珠

日本珠是出产于日本的人工养殖珍珠，产珠的软体动物主要为马氏珠母贝，现在韩国、中国和斯里兰卡也有生产。珍珠的特点为形圆，色白，常见的珠径大小为 1~2 毫米。

4．大溪地珠

大溪地珍珠出产于赤道附近玻里尼亚群岛的大溪地，产珠的软体动物为珠母贝，珍珠颜色是天然黑色，带有绿色伴色，光泽非常好，有金属光泽的感觉，此品种较为名贵。

大溪地珍珠配钻石耳坠

银色大溪地珍珠项链

珍珠镶钻戒指

黑珍珠镶钻戒指

5．琵琶珠

这种珍珠出产于日本琵琶湖中，为淡水养殖珍珠，产珠的软体动物为池蝶蚌。珍珠的特点为椭圆形，表面光滑，是淡水养殖珍珠中的优质产品。

6．南珠（合浦珍珠）

这种海水珍珠出产于中国广西合浦，产珠的软体动物为马贝、大珍珠贝等。因为产珠的环境比较好，珍珠的质量极优，形圆，光泽强，是世界珍珠之最。

7．北珠

这种淡水珍珠出产于中国北方的牡丹江、黑龙江、鸭绿江、乌苏里江等地，早在 2000 多年前的汉朝就有记载。珍珠质量比其他淡水湖更优。明末时期，由于采捕无度，致使资源绝尽。清朝时期，皇宫内的皇冠、龙袍等饰物上都是用北珠来装饰，那时也将北珠称为“东珠”。

8．太湖珠

太湖为中国江浙一带的淡水养殖珍珠的重要基地之一，产珠的软体动物主要为河蚌类，特别是用三角蚌培养的珍珠为佼佼者。其特点是表面褶皱少，圆润柔和，光泽明艳。

9．西珠

西珠广义上是指出产于大西洋的珍珠，狭义上是指出产于意大利海域的珍珠，主要是海水珍珠。由于当地海水的质量越来越差，现在西珠的产量也越来越少。

珍珠的保养

珍珠的成分是含有机质的碳酸钙，化学稳定性比较差，可溶于酸、碱，珍珠的硬度比较低，佩戴时间长了白色珍珠会泛黄，使光泽变差，可用1%~1.5%双氧水漂白，要注意不可过度漂白，否则珍珠会失去光泽。

1. 防酸、碱侵蚀。为了不使珍珠的颜色和光泽受到影响，不应让珍珠接触酸、碱及化学品，如香水、肥皂、定型水等。化妆时应将珍珠饰品摘下，化完妆后再戴上。洗澡、游泳时也应将珍珠饰品摘下。

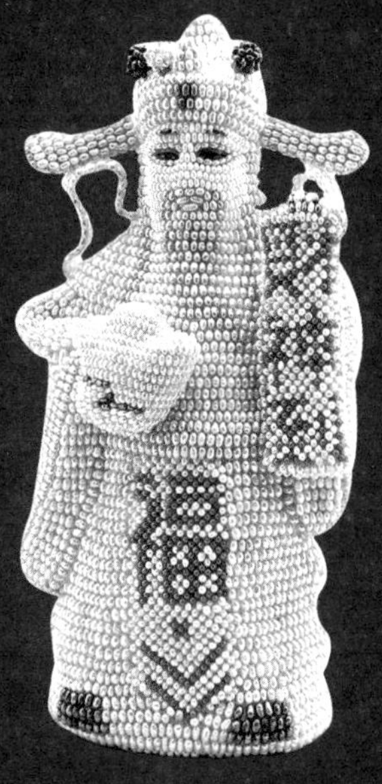

珍珠财神

2. 远离厨房。珍珠表面有许多肉眼看不到的微小气孔，这些微小气孔很容易吸收空气中的污浊物质。因此一定不能佩戴漂亮的珍珠饰品前往厨房，更不能佩戴珍珠煮菜，蒸汽和油烟都可能渗入珍珠里，令其发黄。

3. 羊绒布擦拭。佩戴珍珠之后，必须将珍珠擦拭干净后才可收藏，特别是在炎热的季节，这样才能保持珍珠的光泽。擦拭珍珠最好是用羊皮或细腻的绒布，切勿用面巾纸，因为有些面巾纸会将珍珠磨损。

4. 不可以用清水冲洗。用清水洗涤珍珠饰品，水很容易进入珍珠的小孔内，不仅很难抹干，还可能会使其在里面发酵，珠线也可能转为绿色。如果

珍珠寿星

在佩戴时出了很多汗，那么可以选用软湿毛巾小心擦拭干净，自然晾干后再放回首饰盒里。若是在日常保养中不小心使珍珠变黄了，那么用稀盐酸浸泡，可溶掉变黄的外壳，使珍珠重现晶莹绚丽、光彩迷人的色泽。如果颜色变黄得非常厉害，则难以补救。

5. 珍珠也需要“呼吸”。不可以将珍珠长期密封，例如将其放入保险箱内。珍珠也需要“呼吸”新鲜空气，每隔数月便要拿出来佩戴，让它们呼吸。如果长期将珍珠放在箱中，则很容易变黄。

6. 避免暴晒。珍珠内含有一定的水分，所以在收藏时应将其放在阴凉处，避免阳光直接照射，也不可将珍珠放在太干燥的地方，避免珍珠脱水。

7. 防硬物刮。在收藏珍珠时，不要将珍珠饰品与其他宝石饰品放在一起，以免其他首饰刮伤珍珠皮层。佩戴珍珠时，如果珍珠和衣服有摩擦，也应避免粗糙料子的衣服刮花珍珠。

8. 平放保存。不可以将珍珠项链长期挂起，挂的时间太久，珠线会松弛变形，因此应该将珍珠平放收藏。

9. 珍珠戒指。摘下珍珠戒指时，抓住指环的柄部或金属部分，不可让珠子做承力的地方，这样可以避免珍珠松脱，也防止你手上的污物或皮肤分泌的油黏在珠子上。

珍珠龙舟

Jewelry

18K 金大溪地黑珍珠群镶钻石吊坠

材质：大溪地黑珍珠

尺寸：直径 15~16 毫米

珍珠属性：正圆、无瑕、极强光

镶嵌材质：K 金镶嵌

K 金南洋珍珠吊坠

材质：南洋珍珠

尺寸：7~8 毫米

珍珠属性：正圆、无瑕、强光

镶嵌材质：K 金镶嵌

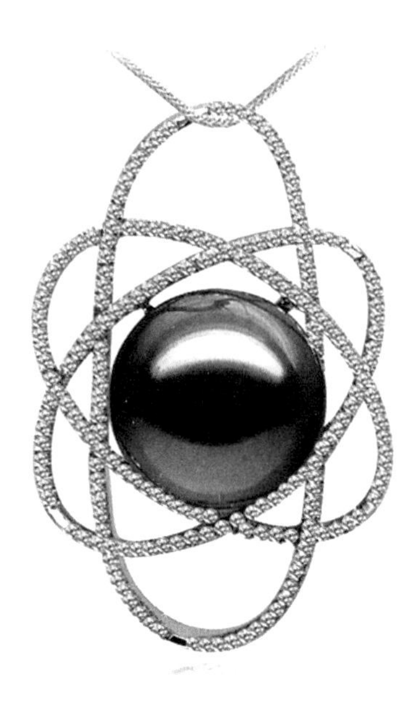

18K 金大溪地黑珍珠吊坠

材质：大溪地黑珍珠

尺寸：直径 9~10 毫米

珍珠属性：正圆、无瑕、强光

镶嵌材质：K 金镶嵌

Jewelry

18K 金南洋珍珠吊坠

材质：南洋珍珠

尺寸：直径 11~12 毫米

珍珠形状：正圆、无瑕、强光

镶嵌材质：K 金镶嵌

18K 金南洋珍珠项链

材质：南洋珍珠

尺寸：直径 9~10 毫米

珍珠属性：正圆、无瑕、强光

镶嵌材质：K 金镶嵌

珍珠的鉴别

珍珠的分类较广，购买时需要留心。天然珍珠十分稀少，其价格非常昂贵；养殖珍珠相对来说十分普遍，每年海边都大批量产出，价格要比天然珍珠低很多。天然珍珠的内核大多只是一些砂粒或是寄生虫等物，还有一些是没有核的。养殖珍珠的内核是人工制作的较大的圆珠，因此外面的包裹层比较薄。

天然珍珠因为生长环境的原因，核内的异物很少滚动，其外形的圆度较差。养殖珍珠的内核是滚圆的，因此成珠后圆度非常好。因为天然珍珠的生长时间非常长，所以成珠后，珠层厚实表皮光滑，很少有“凸泡”，并且透明度很好。养殖珍珠的成珠时间很短，因此珠层薄，质地较粗糙，光泽带“蜡”状，并且表面有一些凹凸的“小泡”，透明度也比较差。那我们如何鉴别天然珍珠和仿制珍珠、养殖珍珠呢？希望以下几个方法能给你一些帮助。

珍珠项链

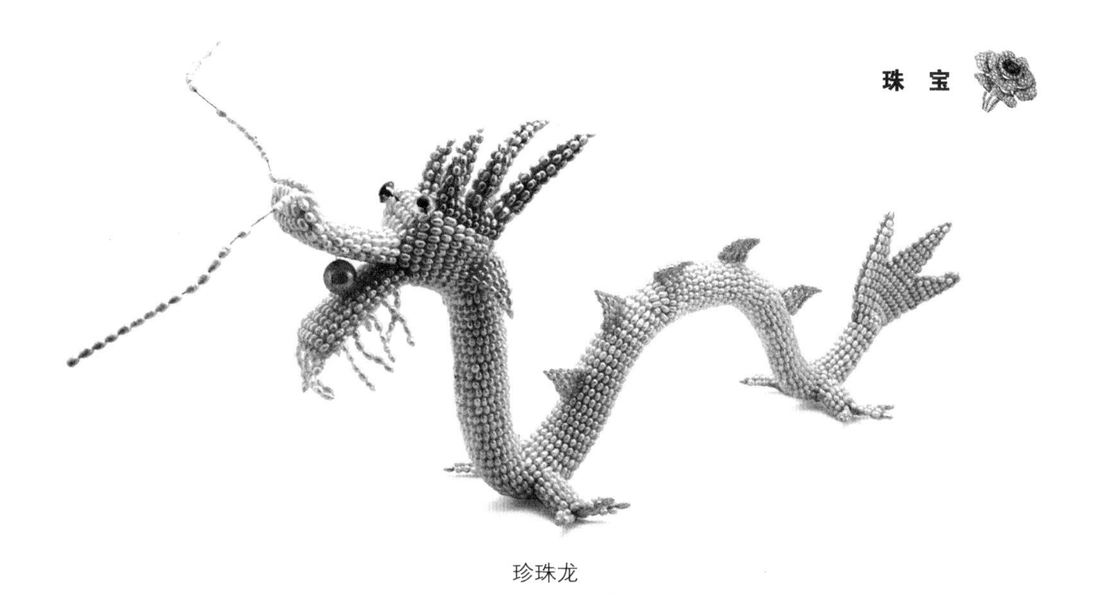

珍珠龙

天然珍珠与仿珍珠的鉴别

1．直观法

直观法就是以肉眼直接观察，这种鉴别方法是最简便易行的方法。如果是串珠，每颗珍珠的颜色、形状、大小、光泽都相同，极有可能是仿珍珠。因为天然珍珠是从不同的动物体内取出的，所以不可能完全相同。

2．感觉法

天然珍珠有凉感，仿珍珠则没有，我们可以通过手或舌头来感觉；用手或牙轻磨，感觉光滑者是仿珍珠，有粗糙感的是天然珍珠。

3．放大观察法

将天然珍珠放在10倍放大镜下可以看到表面的生长纹理，仿珍珠的表面非常光滑；珍珠的钻孔处明显粗糙，或发现薄层剥落的现象，这是仿珍珠，天然珍珠很少会出现这种现象。

4．弹跳法

将天然珍珠从60厘米的高处掉在玻璃板上，弹跳高度为20~25厘米，而仿珍珠则在15厘米以下。这种鉴别方法很容易使珍珠产生损伤，所以应谨慎使用。

5．盐酸反应法

将稀盐酸滴在天然珍珠表面会立即起气泡，而仿珍珠无反应。这种鉴别方法也对珍珠表面有损害，所以要谨慎使用。

6．紫外线荧光法

在紫外线下天然珍珠会产生淡黄或淡白的荧光，这是由于珍珠层中含有蛋白质的缘故，而仿珍珠不产生荧光。

7．物理性质测试

天然珍珠与仿珍珠的物理性质（如折射率、密度等）存在很大差异，通过测试物理性质，比较容易将它们区分开来。

天然珍珠和养殖珍珠的鉴别

从市场上出现的养殖珍珠的情况来看，海水养殖珍珠大多为有核养珠，淡水养殖珍珠大多为无核养珠，也有少量淡水有核养殖珍珠投入市场。有核养殖珍珠的珠核主要是由贝壳制成，因此，导致有核养殖珍珠与天然珍珠间内部结构和珍珠层结构存在明显的差别。在鉴别时我们可以通过结构的差别加以区分，淡水无核养珠与天然珍珠间存在很大的差别。天然珍珠与养殖珍珠的鉴别方法归纳如下。

珍珠牛

白色南洋珍珠配钻石项链

1．肉眼以及放大观察

天然珍珠质地细腻，结构均匀，珍珠层厚，光泽强，大多为凝重的半透明状，外形大多是不规则状，直径比较小；养殖珍珠大多为圆形、椭圆形、水滴形等，直径比较大，珍珠层较薄，珠光没有天然珍珠强，表面常有凹坑，质地松散。

2．强光照射法

天然珍珠在强光下是看不到珠核与核层的，也没有条纹效应；有核养珠可以看到珠核、核条带，大多数呈现条纹效应。

3．X 射线照相法

天然珍珠劳埃图呈假六方对称图案斑点；有核养珠呈现假四方对称图案的斑点，仅一个方向出现假六方对称斑点。

4．紫外线摄影法

天然珍珠阴影颜色比较均匀；有核养珠在核层与光线垂直的情况下，会产生深色阴影，只有周边的颜色比较浅。

5．荧光法

在 X 射线下大多数天然珍珠不发荧光；养殖珍珠在 X 射线下多数发荧光和磷光（蓝紫色、浅绿色等）。

6．磁场法

将圆形珍珠放在磁场内，如果是养珠，珠核受到磁化后，总要转到平行层走向与磁力线平行的方向，而天然珍珠无核，因此不会出现这种现象。

18 K金珍珠镶钻吊坠

7. 重液法

一般的养殖珍珠有珠核，相对密度较大，天然珍珠则比较轻。因此，在相对密度为 2.71 克 / 立方厘米的重液中天然珍珠大都上浮，而大多数的养殖珍珠则会下沉。这种方法可能会损伤珍珠层，应避免使用。

淡水珍珠和海水珍珠的鉴别

淡水珍珠和海水珍珠的鉴别比较困难。我们都知道海水珍珠的质量要比淡水珍珠的质量好，光泽更强，外形更圆正，颗粒更大。海水养殖珍珠都是有核珍珠，其珠核圆正，外形也就圆正。另外海水的育珠贝个体大，它可以承受比较大的珠核，培养的珍珠也更大，珍珠层厚，光泽强。现在淡水养殖珍珠都用无核法培育，其外形多为椭圆形、不规则形，正圆形较少，表面常有螺纹状饰纹。若是想对淡水珍珠和海水珍珠作更加确切的鉴定，现在还没有准确无误的方法。有人提出用珍珠中所含微量元素进行鉴别，这个方法值得考虑。珍珠生长的环境不同，海水和淡水中所含的微量元素也是不同的，所以这种方法有待研究。

处理珍珠的鉴别

处理珍珠主要包括对珍珠进行改善和改色两部分。珍珠的改善方法主要有漂白、改色、增色、增光、抛光等，珍珠的改色方法有染色、辐照等，人们经常把珍珠染成黑色，或是以各种射线将珍珠辐照成黑色来仿制黑珍珠。另外市场上也有人为改制的红色、绿色、蓝色、金色等珍珠。下面我们对改色珍珠的鉴别作简要说明。

1．肉眼观察法

如果一串珍珠，每颗珍珠的颜色都一样，一般是染色的。因为珍珠的天然色在外观上比较柔和，有伴色，所以每颗珍珠的颜色虽然一样，但是也有一定区别。天然的黑珍珠并不是纯黑色，而是带有蓝或紫色的伴色。

2．放大镜观察法

染色珍珠在钻孔中可以看到堆积的染色剂，有时可见绳子也被染色。

3．紫外线照射法

养殖黑珍珠的珍珠层一般不发荧光，在紫外线的照射下，小凹陷中可以看到淡黄色或白色的荧光，而在长波紫外线下我们可以看到粉红色或红色的荧光。染色黑珍珠则在任何情况下都不会发出荧光。

4．粉末法

染色黑珍珠的粉末是黑色，天然黑珍珠的粉末是白色。

大溪地黑珍珠戒指

铂金珍珠蛇戒指

材质：白珍珠

尺寸：直径 7~8 毫米

珍珠属性：圆、无瑕、强光

镶嵌材质：K 金镶嵌

18K 金南洋金珍珠吊坠

材质：南洋金珍珠

尺寸：直径 11~12 毫米

珍珠属性：正圆、无瑕、强光

镶嵌材质：K 金镶嵌

第八章 无法遮掩的灵动之美——珊瑚

珊瑚文化

根据有关记载，我们大致知道珊瑚最早被发现的时间为公元前5世纪，为印度人所发现。也有人说是意大利人在约2000年前首先发现了珊瑚，并且进行了利用。据说意大利最古老的珊瑚渔场已有2000年的开采史，当时人们还用珊瑚作辟邪的饰物，这种做法直到今天依旧在意大利流行。古时候有关珊瑚的传说很多，大多带有宗教色彩，赋予了珊瑚一种神秘的色彩。据说在古时候人们认为红珊瑚是权力、幸福、永恒的象征，红珊瑚也成为当时市场上最为昂贵的宝石。

珊瑚在古罗马一直受到人们的追捧，当地人认为珊瑚是避祸防灾的灵物，每当水手出海时，都会佩戴珊瑚，以此祈求平安。除此以外，人们还认为珊瑚不能被雕刻或用其他方法加工，并且要将珊瑚戴在身上最显眼的位置，这样能使人精神奕奕，增长智慧。在古罗马有很多巫师和信神者，他们都佩戴着没有经过加工的珊瑚作为

海底珊瑚群

美丽的海底珊瑚

护身符。如果不小心将身上佩戴的珊瑚损坏，那就意味着这个人的魔力消失了。虽然这种传说让人难以置信，但是从中我们能看出古罗马人对珊瑚的追捧已经到了令人难以想象的程度。

珊瑚是最早被人类发现的宝石之一，古代很多地方的人都将它视为辟邪的吉祥物，其中古波斯人对于珊瑚的喜爱尤甚，他们常常将珊瑚看作吉祥之物，佩戴在孩子的脖子上，以此来保佑他们平安健康。当时的人们认为红珊瑚的颜色会随着佩戴者的健康情况而发生变化。传说有位德国医生记录了一名病人戴红珊瑚的情况，当病人的疾病非常严重时，珊瑚开始由白色渐渐变成暗淡的黄色，在病人面临死亡时，珊瑚上已经布满了黑色的斑点。

珊瑚与中国也有着密切的联系，很多中国人对“石崇斗富”这个故事并不陌生，其中就有关于珊瑚的片段。故事讲述了魏晋南北朝时期两个贵族以自家所有的东西来比较谁更为富有，最终比赛的结果是石崇获得了胜利，因为他拿出了罕见的珊瑚树。

珊瑚比较稀有且珍贵，对珊瑚有着特殊喜爱之情的人们认为它是来自大海的精灵，能净化身心，给人带来好运。印第安人将珊瑚视为大地之母，日本人将红珊瑚视为国粹。无论人类赋予珊瑚什么样的文化，珊瑚都是自然界赠给人类最好的礼物之一。

珊瑚项链

材质：天然珊瑚

尺寸：直径约 8 毫米

重量：约 25 克

Jewelry

18K 金红珊瑚吊坠

材质：天然珊瑚

尺寸：直径约 10 毫米

重量：约 4.5 克

镶嵌材质：K 金镶嵌

红珊瑚摆件

参数

材质：天然珊瑚

重量：约 140 克

珊瑚的分布

珊瑚的种类有很多，用于做珠宝饰品的多为红色、桃红色，也有少量的黑色、金色、蓝色和白色。曾经，人们公认世界上最有价值的珊瑚珠宝为日本的“公牛血红珊瑚”。现在全世界红珊瑚的年产量在100~400吨之间，其中我国台湾占60%，这一地区的红珊瑚习惯被称为阿卡红珊瑚，每年产量约为200吨。另外，意大利沙丁亚海域占40%，这一地区的红珊瑚被称为沙丁红珊瑚。

深海红珊瑚主要分布在我国台湾海域；日本南部岛海域；大西洋沿海，包括爱尔兰南部、法国比斯开湾、西班牙加纳利群岛、葡萄牙的马德拉群岛；地中海沿岸，以意大利半岛南部海域为主，阿尔及利亚和突尼斯等国。世界上最优质的红珊瑚产自阿尔及利亚、突尼斯及西班牙沿海产区。黑色和蓝色珊瑚产自大西洋地中海海域，如喀麦隆沿海。中国南海海域西沙群岛及台湾海域出产白珊瑚，中国台湾海域的珊瑚储量占世界的80%。上述三个地区都是世界上火山活动频繁的地区，其中也包括附近海底火山活动。海底火山的每一次活动都有大量的地下物质喷发到海底，这些物质中

珊瑚艺术品

含有大量的铁、锰、镁等常量元素，为红珊瑚的形成提供了非常重要的营养物质。珊瑚虫骨骼在钙化和受压过程中，大量吸附铁、锰、镁等红色元素，最终形成我们见到的红珊瑚。

中国台湾海域、日本南部岛

我国台湾海域出产的红珊瑚，直径比较小，但也有少数超过 10 厘米，而且表面大多光滑，瑕疵很少，颜色是比较受市场欢迎的深红及桃红色。加工后的珊瑚饰品，从几百元的珊瑚手链，到数百万元的巨型珊瑚雕刻摆件都有，其价格差异很大。澎湖的珊瑚非常优质，光润坚硬，色彩绚丽，是深受人们追捧的装饰品，其中以桃色珊瑚最为名贵。日本红珊瑚主要分布在日本四国岛南侧、小笠原诸岛、九州岛西侧等海域。红珊瑚群体大多呈扇形树枝状，高度以及幅度达 30~40 厘米，基部直径 3~5 厘米，质量大多在 300~1000 克之间。我国台湾海域有成人手臂粗的珊瑚仅占产量的 0.1%。而日本海域二指粗的红珊瑚也是难得一见的。桃红色珊瑚为宝石级珊瑚

珊瑚十八子手链

中产量最大的品种，这种珊瑚大多生长于水深 200~800 米的中深海区，珊瑚枝高大，群体高度达 0.5~1 米，基部直径 5~15 厘米，质量可超过 40 千克。1980 年中国台湾澎湖的渔民打捞了一株包括底座重 155 千克的桃红色巨型珊瑚。同年，一艘中国台湾渔船在中途岛海域打捞了一株净重 100 千克、高 1.5 米、主干粗 12 厘米的桃红色大珊瑚。这两株珊瑚比现在珍藏于日本皇宫的一株高约 1 米的珊瑚大，被称为“珊瑚王”，据说后者成交价高达 600 万新台币（约合 150 万元人民币）。

夏威夷西北部中途岛附近海区

这一地区所产出的珊瑚颜色为红、粉、金和黑色，特别是黑珊瑚比较多。1987 年，黑珊瑚被指定为夏威夷州的州石。

大西洋海区

主要为地中海沿岸的国家，例如意大利、西班牙、阿尔及利亚、突尼斯、法国等，为世界上红珊瑚的主要产地。黑色和蓝色珊瑚产自大西洋地中海海域，如喀麦隆沿海。

红珊瑚吊坠

铂金红珊瑚吊坠

参数

材质：天然珊瑚

尺寸：53毫米 ×16毫米 ×8毫米

重量：约7.5克

镶嵌材质：铂金镶嵌

Jewelry

雄鹰展翅珊瑚摆件

材质：天然珊瑚

重量：约 140 克

铂金红珊瑚吊坠

材质：天然珊瑚

尺寸：直径 6~7 毫米

重量：约 4.5 克

镶嵌材质：铂金镶嵌

珊瑚的分类

从宝石学的角度来区分珊瑚，可分为造礁珊瑚和宝石珊瑚。造礁珊瑚又被称为造礁石珊瑚，是现时礁石所构成的珊瑚品种，一般生长于浅海床的透光区（或透光带）。造礁珊瑚具有观赏价值，材质疏松易碎，生长得比较快，种类繁多，分布广，不属于珠宝范围。一般能进入珠宝市场的珊瑚，大多生长在深海，材质较坚硬，生长缓慢，种类少，分布少。按照颜色，珊瑚可分为红色、白色、蓝色、粉色、黑色、金色等多种颜色。根据材质可分为钙质型珊瑚、石灰岩质珊瑚和角质型珊瑚。钙质型珊瑚又分为红珊瑚、粉珊瑚和白珊瑚、海竹珊瑚等；角质型珊瑚全部由有机质组成，比较常见的品种有黑珊瑚和金珊瑚；市场上还有一种是石灰岩质珊瑚，主要有海绵蓝珊瑚和海绵红珊瑚等。

红珊瑚艺术品

白珊瑚

白珊瑚

白珊瑚盛产于100~200米的海床上。白珊瑚的颜色可分为白、瓷白、灰白、乳白等，顶级的白珊瑚呈现雪花白光泽。因为海水的污染越来越严重，其数量也越来越稀少。白珊瑚大多用于盆景工艺或染色原料。主要分布于中国南海海域、西沙群岛、澎湖海域以及菲律宾海域和琉球群岛海域。

金珊瑚

金珊瑚又被称为金海树，颜色为金黄色、黄褐色。金珊瑚是极为稀有的珊瑚品种，金色闪耀，异常精美。金珊瑚的表面有独特的丘疹状外观，有的表面光滑，在强的斜照光下可显示晕彩（或光彩）。金珊瑚属于海树的一种，和琥珀同属于植物性有机矿物，属于角质型的珊瑚，跟一般红珊瑚（钙质型）稍微不同。它分布于西太平洋、夏威夷、加勒比海海域。

红珊瑚

红珊瑚像树枝又像花，很久以来被误认为是一种海生植物。直到20世纪20年代人们才发现珊瑚不是植物，而是一种腔肠动物——红珊瑚虫残留的碳酸钙骨骼。红珊瑚的矿物成分主要为方解石。大多生长在深海，数量十分稀少，仿如深山的灵芝一样，难以采集。红珊瑚的摩氏硬度为3~4，化学成分为碳酸钙90％~95％，碳酸镁3％，有机质1％~4％，还有微量的铁、铝等。红珊瑚的骨骼呈树枝状复体。每个分枝中心都有一根角质的骨骼中轴，软体包围在骨骼外面，许多珊瑚虫围绕着轴生长。红珊瑚虫的软体有中胶层和内胚层、外胚层两层细胞。红珊瑚质地细致，色泽鲜艳，特别是以细密的纹理，在珠宝市场上受到人们的喜爱。红珊瑚的颜色分为浅红、暗红、橙红，也有肉红色。不透明至微透明，大多呈树枝状，蜡状至玻璃光泽。红珊瑚主要出产于水温8~20摄氏度、海水清澈和比较平静的海域。世界上最优质的红珊瑚出产于阿尔及利亚和突尼斯、西班牙沿海、中国台湾基隆和澎湖列岛、意大利及法国的比斯开湾等地。红珊瑚比较名贵，优质红珊瑚主要用于首饰制品和工艺艺术品。比较大的红珊瑚则用于雕刻人物、花鸟等工艺品。

黑珊瑚

黑珊瑚又被称为王者珊瑚，为夏威夷州州石。主要分布在西太平洋、夏威夷、加勒比海海域。阿拉伯贵族都用黑珊瑚作为念珠。黑珊瑚从灰黑至黑色、褐黑色，不透明。黑珊瑚经过漂白处理可呈金黄色，常用来冒充天然的金黄色珊瑚。黑珊瑚还有一个名字叫海柳，因为其外形类似于陆地上的柳树，所以得名。黑珊瑚以吸盘与海底石头相黏，采集起来比较困难。黑珊瑚虽然形似柳树，但它却属于腔肠动物类，为珊瑚科的一种。海柳通常生长在深海岩石上，高者达3~4米。在海柳中有一种被称为赤柳，其颜色非常鲜艳，初出水面时，枝头上的小叶闪闪发光，树枝富有弹性，是离开水一段时间后，其枝干也变得十分坚硬。由于海柳出水时身上附有红、白、黄色的水鬼体，干后能变为黑铁色，所以人们又称它为海铁树。更有趣的是，每当要下雨时，黑珊瑚表面的颜色会变得暗淡无光，并且还能分泌出微量的黏液，因此又被称为“小

黑珊瑚

气象台”。海柳浑身是宝，经过人为加工可雕刻出各种非常精美的烟嘴、烟斗、茶杯、摆件、手镯、戒指、佛珠等艺术珍品，同时根据其材料的不同特性还能雕出栩栩如生的花鸟鱼虫、飞禽走兽、人物形象等作品。在古时候，黑珊瑚为帝王将相所珍爱。1985年，一座宋代古墓在福建省东山岛被打开，从棺柩里找到一些用海柳加工的手镯、戒指及酒杯等物，这些东西全部完好无损，从这可以看出海柳坚韧耐腐的特性。

近年来，科学家在夏威夷的深海中发现了世界上现存最古老的深海黑珊瑚，这也是迄今为止世界上最古老的海洋生物群落。

有关研究人员利用深海无人潜水器，在这片海域采集了金色珊瑚和深海黑珊瑚。金珊瑚和黑珊瑚大多生长在海平面 500 米以下，可以长数米高。有关学者对新采集的两种夏威夷珊瑚进行了研究，发现金色珊瑚的年龄约为 2742 岁，深海黑珊瑚的年龄约为 4265 岁。由此可见，深海黑珊瑚当之无愧地成为世界上现存最古老的珊瑚。

海竹珊瑚

海竹珊瑚有竹节状形态，通常为白色、土黄色等，有的也被称为象牙珊瑚。海竹珊瑚为树枝状，沿树枝常有纵向纹理，横截面有同心环和放射状纹理，此种珊瑚主要分布于西太平洋海域。

海绵珊瑚

海绵珊瑚又被称为软柳珊瑚，在市场上商家通常称它为草珊瑚，为红珊瑚的近亲，也属八射珊瑚。软体结构和红珊瑚基本相同，也有角质骨骼。海绵珊瑚为磨砂状，表面有不规则的纹路。生长于 100~1500 米深的海床，有的可达 4000 米深。在世界范围内的热带、亚热带浅海广泛分布。这种珊瑚的颜色多种多样，有深红、粉红、橘黄、赭红、桃红、肉红、乳黄、乳白等。

海绵珊瑚

铂金珊瑚吊坠

材质：珊瑚

尺寸：45 毫米 ×23 毫米 ×7 毫米

重量：约 10.5 克

镶嵌材质：铂金镶嵌

Jewelry

红珊瑚项链

参数

材质：红珊瑚

尺寸：直径 4~5 毫米

重量：约 30 克

铂金红珊瑚生肖马吊坠

材质：红珊瑚

尺寸：直径 7~8 毫米

重量：约 16.5 克

镶嵌材质：铂金镶嵌

珊瑚的保养

有很多人花重金买的红珊瑚饰品又红又亮，非常漂亮惹眼，但是佩戴一段时间后，红珊瑚的颜色开始发暗，还有些呈污浊之色。很多人怀疑是假货，于是前往权威鉴定机构，发现珊瑚确实是天然的，没有任何问题，出现这种情况是日常保养环节出现了问题。这说明我们需要懂得一些日常的保养知识，这样既能避免人为的损坏，又能防止自然的侵蚀。

1. 珊瑚的化学成分是碳酸钙（$CaCO_3$），其性质不稳定，长期佩戴后，红珊瑚表面会变白。这是人体出汗的缘故，汗液中有酸性成分，碳酸钙碰到酸性介质就会产生化学反应，生成白色氧化钙。氧化钙对白色珊瑚没有什么影响，而对红珊瑚影响特别大。

海底世界

珊瑚丛

红珊瑚佩戴后，要进行清洗，不然汗液就会与红珊瑚起化学反应产生无法除掉的白色氧化钙。如果已经生成了白色氧化钙颗粒，可以在冲洗后用软布擦干，涂上婴儿油，便能恢复红色。

2. 佩戴珊瑚饰品不要接触化妆品、食盐、香水、酒精、油污和醋等。珊瑚的结构不致密，有孔隙，不宜用重液测密度和用光测折射率，以免污染。

3. 珊瑚硬度小，因此在存放时要注意单独放置，以免被其他硬物划伤，特别是不能与其他宝石放置在一起。在佩戴时也要注意，不可与其他硬东西接触，长期摩擦会损害珊瑚的光滑度、光洁度、亮度。

4. 珊瑚内部含有一定的水分，所以不应长时间暴晒或置于高温之下，否则很容易使其失去水分和光泽，严重者有可能褪色。

5. 珊瑚首饰佩戴时间长了，可以在清洗时用中性肥皂水或清水冲洗，洗干净后以棉毛巾擦干即可。

Jewelry

铂金红珊瑚吊坠

材质：红珊瑚

尺寸：27 毫米 ×9 毫米 ×6 毫米

重量：约 12.5 克

镶嵌材质：铂金镶嵌

铂金红珊瑚戒指

材质：红珊瑚

重量：约 20 克

尺寸：17 毫米 ×8 毫米 ×6 毫米

镶嵌材质：铂金镶嵌

珊瑚的鉴别

鉴定红珊瑚的原料或是原石是比较容易的，因为红珊瑚的特点是树枝状形态和条带状纹理，这是其他珠宝所不具备的。而加工成饰品后，鉴定起来就比较困难，但是只要我们掌握了以下方法，就可以鉴别真伪。

通过肉眼识别法可以作初步的鉴定，第一纵看：珊瑚纵向有平行的生长纹，方向为平行珊瑚柱体。如果是戒面，一般在背面，如果是雕刻件，表面上就有。这些细密的纹理肉眼观察不清晰，而海竹珊瑚的纹理非常明显。第二横看：珊瑚的横截面上有像年轮的生长纹，由小及大。有同心圆状生长纹的，一般在珊瑚摆件上可以见到。第三看颜色：珊瑚的颜色是由内而外的，举例来说：一个珊瑚柱，越接近表层，珊瑚的颜色越深，越里层，颜色越浅。也就是说，珊瑚的颜色是不均匀的，如果珊瑚的颜色内外一致，就要怀疑有假！

经过初步的肉眼识别之后，我们可以通过测试其密度，进一步鉴定，红珊瑚的密度为 2.60~2.70 克 / 立方厘米，折射率是 1.65。黑珊瑚和金珊瑚的密度为 1.30~1.50 克 / 立方厘米，折射率是 1.56。值得注意的是最好不要测珊瑚的折射率，以免棕色的折射油污染了珍贵的珊瑚。

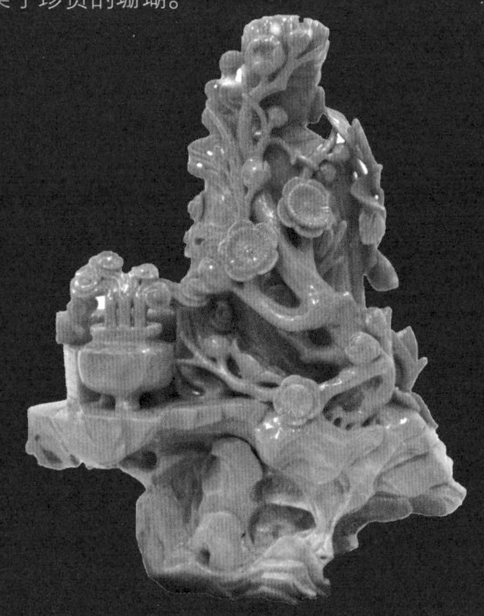

珊瑚制品

红珊瑚与仿制品的区别

红珊瑚是市场上比较贵重的珊瑚种类，从民国时期就开始出现仿制品，特别是一些与天然珊瑚相似的仿制品和经过优化处理的珊瑚、合成珊瑚。市场上与天然珊瑚相似的宝石有染色大理岩、染色的骨制品、红色玻璃、红色塑料、染色贝壳、吉尔森珊瑚、海螺珍珠及染色红珊瑚。

红珊瑚与染色大理岩的区别

染色大理岩具有粒状结构，其颜色在颗粒的缝隙中，没有珊瑚的结构特征。如果滴盐酸，染色大理岩与盐酸反应会出现红色的气泡，而天然珊瑚为白色气泡，这种方法具有一定的破坏性，一般不会使用。鉴定珊瑚一般是通过横切面和纵切面的结构特点来鉴定，如天然珊瑚具放射状、同心圆状结构，平行波状条纹和小丘疹状外观。

珊瑚首饰

珊瑚摆件

珊瑚手链

红珊瑚与染色骨制品的区别

市场上比较常见的染色骨制品是牛骨、驼骨、象骨等动物骨头。可以通过横切面观察来区分骨制品和天然珊瑚，骨制品为网孔状结构，与珊瑚的区别较大；观察珊瑚的纵切面，我们可以发现连续的波纹状纹理，而骨制品的纵切面是断续的平直纹理；另外，珊瑚的特点为白心、白斑、虫穴；珊瑚的颜色为天然颜色，内外都是相同的，而且是透明的红色；染色的骨制品表面颜色深，内部浅，颜色显得呆板，并且会掉色，不透明。骨制品的折射率为 1.54，密度为 1.70~1.95 克 / 立方厘米。在钻孔的饰品上观察，孔壁为白色。骨制品的断口为锯齿状，珊瑚的断口较平坦。

红珊瑚与红玻璃的区别

红玻璃仿制的珊瑚具有特别明显的玻璃光泽，在放大镜下观察会发现内部有气泡、旋涡纹，贝壳状断口，硬度大，不与酸反应，没有珊瑚的特征结构。红玻璃的折射率为 1.635，密度为 3.69 克 / 立方厘米。

红珊瑚与红塑料的区别

塑料的密度为 1.05~1.55 克 / 立方厘米，折射率 1.49~1.67。塑料仿的珊瑚表面不平整，硬度低，在放大镜下观察会发现气泡、旋涡纹，一般还能在表面发现模具痕迹，用热针扎具有辛辣味。塑料仿制的珊瑚比较容易鉴定，塑料本身的重量轻，而且比较容易褪色，没有自然纹理和光泽。

红珊瑚与染色贝壳的区别

现在市场上出现了很多贝壳仿制珊瑚，大多以染色的贝壳仿制粉红色珊瑚，贝壳本身有珍珠光泽，层状构造，染色后颜色聚集在层间，具有晕彩。贝壳的折射率为 1.486~1.658，密度为 2.85 克 / 立方厘米。

红珊瑚与海螺珍珠的区别

海螺珍珠在外观和颜色上与珊瑚很相似，通过放大镜观察，海螺珍珠具有火焰状图案，而且有明显的粉红色和白色以层状分布。海螺珍珠的密度为 2.85 克 / 立方厘米，比珊瑚要大。

红珊瑚手链

红珊瑚首饰

红珊瑚与吉尔森珊瑚的区别

市场上出现的吉尔森珊瑚是用方解石粉末加上少量染料在高温、高压下粘制而成的一种材料。它与天然珊瑚的外观极为相似，颜色分布非常均匀，放大镜下无条带状和同心圆状构造，只有微细粒结构。吉尔森珊瑚的密度只有 2.45 克 / 立方厘米。

红珊瑚和与染色红珊瑚的区别

现在市场上出现了大量的染色红珊瑚，它的一系列性质与天然珊瑚完全一致，鉴定起来比较困难。具体的鉴别方法是：染色红珊瑚的颜色过于浓艳，且分布不均匀，表里不一，颜色外深内浅，染料集中在裂隙和孔洞中。用蘸有丙酮的棉签擦拭，如果棉签被染色，那么一定是染色红珊瑚。

Jewelry

圆珠红珊瑚耳坠

参数

材质：红珊瑚

尺寸：直径 6 毫米

重量：约 12 克

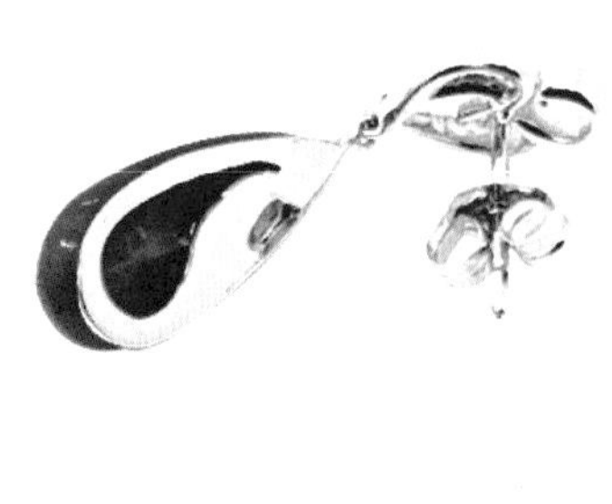

铂金红珊瑚耳坠

材质：红珊瑚

尺寸：11 毫米 ×4 毫米 ×4 毫米

重量：约 18 克（一对）

镶嵌材质：铂金镶嵌

天然深海红珊瑚精致雕刻手镯

材质：红珊瑚

尺寸：内径 65 毫米，条宽 7 毫米，条厚 6 毫米

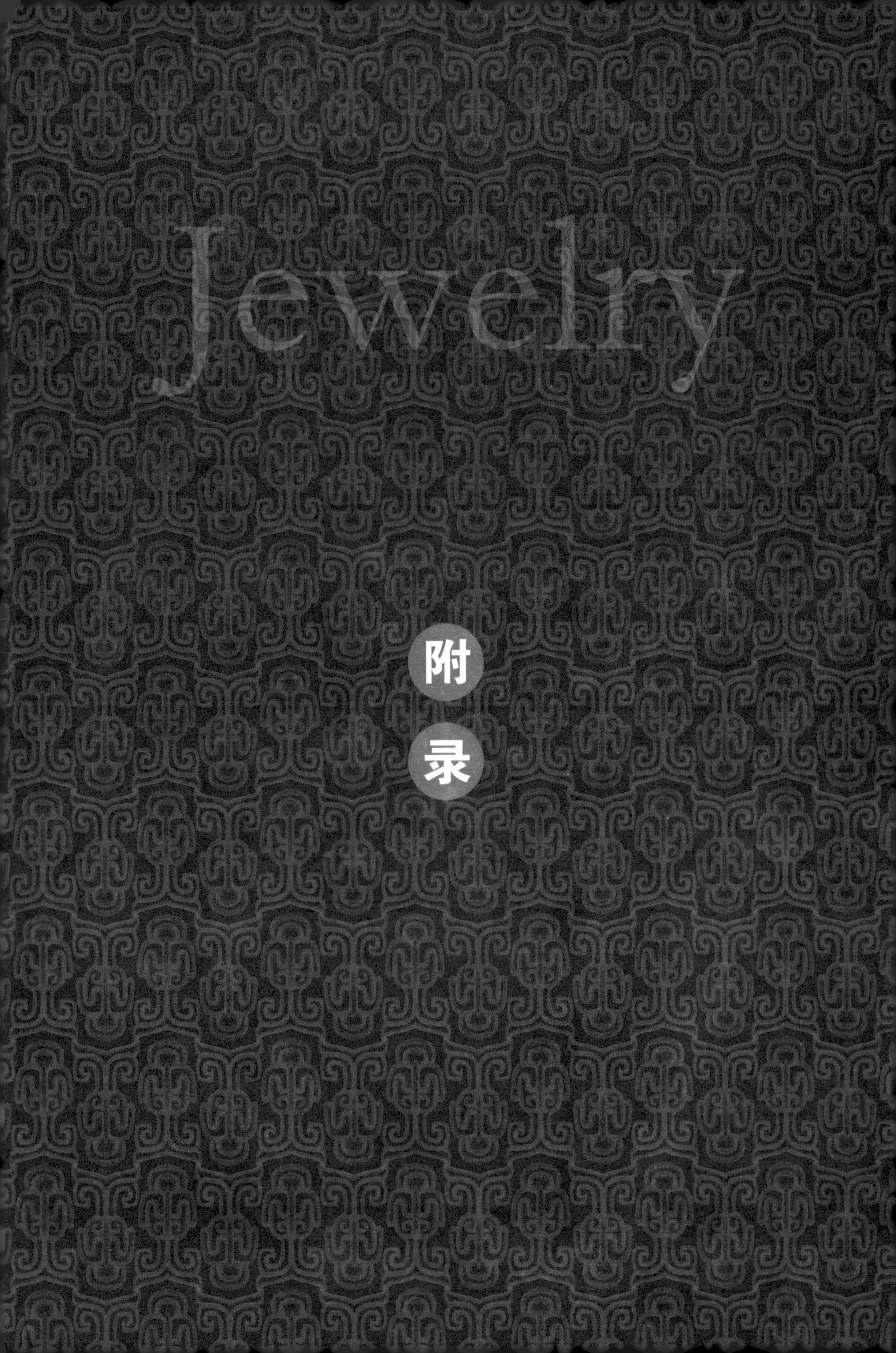

Jewelry

附录

常见珠宝的鉴别技巧

红宝石的鉴别

天然宝石“十红九裂”，没有任何瑕疵与裂纹的天然红宝石是非常少见的。人造红宝石的颜色均匀，内部缺陷或结晶质包裹体少、洁净，块体较大。红宝石是非常珍贵的珠宝，市场上 3 克拉以上的天然红宝石是极为罕见的，如果在市场上看到比较大的天然红宝石，一定要多加注意，因为天然红宝石要比人造红宝石的价格高出千百倍。

天然红宝石从不同的方向看，会出现红色和橙红色两种色调，这就是“二色性”，一般天然红宝石都具有这种特性。如果宝石只有一种颜色，那么可能是红色尖晶石、石榴石或者红色仿造物等。

天然红宝石与红色尖晶石非常容易混淆，在购买时一定注意分辨。

红宝石

红宝石戒指

蓝宝石

蓝宝石戒指

蓝宝石的鉴别

天然蓝宝石的颜色是不均匀的，多数具有平直的生长纹。如果蓝宝石内部的生长纹为弧形，那么一定是人造蓝宝石。人造蓝宝石不仅在生长纹上与天然蓝宝石不一样，而且其内部还经常能看到面包屑状或是珠状的气泡。

鉴别天然蓝宝石时，从一个方向看是蓝色，从另一个方向看则为蓝绿色，它与红宝石一样都具有明显的二色性。市场上的其他蓝宝石与天然蓝宝石的呈色性不同，根据颜色标准便能区分。

鉴别蓝宝石时，除了上述的方法外，还可以通过它的硬度来鉴别。天然蓝宝石可以在黄玉上刻划出印痕，而其他蓝色宝石则没有这一特点。

猫眼石

猫眼的鉴别

近几年，市场上出现了一种纤维猫眼戒面，镶在黄金或白银戒指上，让人难辨真假。通过转动戒面，可以鉴别出假猫眼，转动时假猫眼石的弧形顶端可同时出现很多条光带，而真正的天然猫眼石只有一条。假猫眼石的眼线呆板，而真猫眼石的眼线张合灵活。天然猫眼石的颜色多为褐黄或是绿色，假猫眼石的颜色则有很多种，如红、蓝、绿等。好的猫眼石，其猫眼的亮线位于宝石弧面的中央，细窄而界线清晰，并显活光。

天然猫眼石不仅非常美丽，而且非常稀有。根据物以稀为贵的评判标准，猫眼石的价格也是非常昂贵的。

欧泊的鉴别

根据颜色欧泊可分为黑欧泊、黄欧泊、白欧泊等，其中黑欧泊的价格最为昂贵。现在市场上有些人将价格较低的白欧泊和黄欧泊

欧泊吊坠

用人为方法变为“黑欧泊”，从而牟取高利。他们用的方法普遍是以糖煮或是注入塑料，将白欧泊变黑。经过糖煮或是注入塑料的欧泊密度会变小，我们也可以使用加热后的针来测试注入塑料的欧泊，天然欧泊是无法用针扎进去的，注入塑料的欧泊则能扎进去，并且产生一股塑料被烫后的气味。

碧玺的鉴别

碧玺属于中档珠宝，因为桃红色和鲜蓝色的碧玺比较贵重，所以也有不少人仿冒。市场上较为常见的仿冒品有两类，一类是以无色碧玺人工加色而成；还有一类是以红色玻璃加工而成。真正的碧玺大多有明显的二色性，体内能看到管状包裹体或是棉絮状物，晶体的横断面呈弧面三角形，这些特点是仿冒品做不出来的。人工染色的碧玺颜色呆滞，缺乏天然碧玺的“宝光”，因此不难识别。

橄榄石的鉴别

橄榄石的颜色类似于橄榄色，绿中带黄，是一种中低档宝石，市场上最常见的仿冒品是用一种用有色玻璃制成的橄榄石。天然橄榄石有明显的“双影”，而仿冒品没有；橄榄石内部大多可以看到结晶质包裹体，而玻璃的仿冒品中只能看到气泡。

橄榄石

后记

中华民族有非常浓的珠宝情结，所以珠宝在我国市场上不仅数量大，而且价格也不菲。如今人们买珠宝一方面是美化自己，一方面也作为收藏投资。

收藏级的珠宝要么美丽，要么稀有（包括品种的稀有、质量的稀有、重量的稀有、特殊光学效应的稀有等）。但是市场上销售的珠宝良莠不齐，这其中有真的珠宝，也有假的仿制品，再加上珠宝品种的范围越来越广，许多消费者和珠宝收藏爱好者都不甚了解珠宝。关于真正的珠宝是什么，目前珠宝有哪些种类，常见的珠宝玉石的特点，评价的标准，以及市场上常见的仿制品的鉴别特征等内容，本书均进行了全面的讲解。希望给读者朋友提供有益的资料和帮助，让收藏投资者少走一些弯路。

本着这个目标，我们精心编撰了本书，在编撰过程中得到了很多朋友的帮助，有的提供图片、有的讲解选购注意事项、有的讲解鉴定和保养的方法等。在书稿付梓之际，向那些提供过信息、资讯和精美图片的朋友表示衷心的感谢！在这里，我们衷心地感谢天津南开区古玩城东玺珠宝的经营者王勇先生和君宝阁的经营者胡长君先生的支持与帮助，感谢他们为本书做了大量的图片收集和珠宝的选购、收藏、鉴定等知识的讲解等工作。由于篇幅原因，不能一一注明，恳请谅解。最后祝愿给予本书支持和帮助的朋友们身体安康、万事如意！

《珠　宝》
（修订典藏版）
编委会

● 总 策 划

王丙杰　贾振明

● 排版制作

腾飞文化

● 编 委 会（排名不分先后）

玮　珏　苏　易　墨　梵

吕陌涵　陆晓芸　阎伯川

鲁小娴　白若雯　玲　珑

● 图片提供

王　勇　胡长君

天津东玺珠宝艺术工作室

天津君宝阁艺术工作室